·元气满满下午茶系列·

花式茶饮

[日] 片仓康博　田中美奈子　著
唐　潮　译

中国轻工业出版社

前言

近年来，各式各样的店铺里都可以购买到茶饮品。作为一种仍然在飞速发展的饮品类型，茶饮蕴含了无穷无尽进化的可能性。

在日本，不管是谁都可以在家里就很轻松地把茶泡好，所以一开始并没有人觉得有必要在外面花钱喝茶——但是现实通常和人们的想象相悖。随着瓶装茶饮料开始在日本普及，选择自己在家里沏茶的人越来越少，购买瓶装茶的人越来越多。由于现代社会的紧张氛围，人们通常没有时间去优哉游哉地亲自泡茶，但茶里的成分却能让人们在快节奏社会下得到些许的疗愈：闻到茶的香气可以使人放松、摄入茶叶中的咖啡因更是让人神清气爽。除此之外，茶里的很多成分对健康也有好处。不仅好喝还有很高的营养价值，这让茶这种饮品在现代社会中备受瞩目。

另外，现在既不能喝咖啡又无法摄入酒精的年轻人越来越多了。对于那些抗拒咖啡里强烈苦涩味道的人群，茶饮品可以算得上是咖啡类饮品的新型替代品。同时，仍然觉得“吃饭的时候就应该喝酒”的人也是越来越少，在酒精文化和饮酒习惯渐渐衰退的当下，茶取代酒精类饮品而成为新的伴餐饮品的日子，想必也指日可待了。这类逐渐取代咖啡和酒精地位的新型饮品，我们希望大家都能体会到它的魅力所在。

本书会从各种不同的角度来介绍茶饮品的构思和具体的实现方法，从“奶茶”“果茶”“甜茶”“特殊茶饮”“酒精茶”等种类繁多的茶饮品配方开始，辅以针对茶饮品不同要素的解说，以及设计一款茶饮品时内在的逻辑和知识。本书还会讲解到如何原创一款茶饮品，甚至包括教读者如何去自己制作茶饮品原料中的糖浆、酱料以及顶料。可以说，本书包含的内容，从制作茶饮品的新手到深谙此道的专业人士都会很受用。如果是想要自己开设一家茶饮店铺的读者，请务必读读看。

如果理解了茶饮品使用的原材料的奥秘，并且了解了构成茶饮品的几种要素，那么就可以上手设计或者改进原有茶饮品的配方，制作出来的饮品也会越来越好喝。如果各位读者能够通过本书在家里体会到茶饮品带来的乐趣，或者是获得工作创业上的启迪，那么想必本书关于茶饮品的绝妙之处确实是好好传达到了，我们会深感荣幸。

香饮家 片仓康博
田中美奈子

目录

4. 顶料

Chapter 2

奶茶

果茶

Chapter

4

甜茶

Chapter

5

特殊茶饮

Chapter

6

酒精茶

{ 本书的使用方法 }

本书大致由以下三个部分组成。不管从哪里开始阅读都没有问题，但如果从①开始阅读，先了解茶饮品制作的基本，再去看②里的这些具体茶饮品案例，相信对于读者来说可以更为流畅地理解关于茶饮品的知识。

{ 本书的标示方法 }

标明了所示饮品适合做“冷饮”还是“热饮”。如果冷饮和热饮都适合的话，两个框内都会打上对钩。

本款饮品所用到的主要材料。

饮品的名称。

制作一杯该饮品所需的材料分量，全部以克表示。没有特别标注的情况下，所有茶都是茶汤的分量。如果有其他需要特别补充说明的地方，会以星号“*”标注。

CHAPTER 2

冷 热

冻顶乌龙茶 × 牛奶

乌龙奶茶

牛奶混合味道与绿茶相近的冻顶乌龙茶，回味清淡爽口，喝起来会给人轻松的感觉。白色的茶体散发着清香，无论是看起来还是闻起来都使人心旷神怡。

材料（一杯量）

水 80 克
冻顶乌龙茶（茶叶）3 克
冰 适量
牛奶 120 克

制作方法

1 把水烧至沸腾，然后冷却至 85℃左右。
2 把茶叶放到茶壶中，加入步骤 1 中的水，泡 1 分钟左右。
3 把冰放入杯子里，倒入牛奶，把步骤 2 中的茶汤倒到牛奶表面。

【制作热饮时】
把牛奶加热至 63℃，倒入杯子里，加入步骤 2 中的茶汤。如果想使用已经做好的冷饮茶汤，就把茶汤和牛奶一起加热。

066

混合型饮品

如果该饮品同时具有作为食物的要素，那么作为混合型饮品，就会在旁边标明“混合型饮品”这个标记。

【备忘】

知识和注意事项等。

饮品的特征和解说。

如果上面的制作方法是冷饮的制作方法，会在这里注明制作热饮时会有什么区别，反之亦然。

Chapter

1

茶饮品的理念和基本知识

构成茶饮品的元素是什么？如何进行茶饮品的构思？如何把构成茶饮品的材料组合在一起？本章将详细为读者解答这些问题，并对理解茶饮品所需的必要知识和理念进行讲解。茶饮品的主要几大组成部分：作为主要基底的茶底、水果和牛奶等配料、给茶饮品点缀上颜色并赋予不同甜味的酱料和糖浆、让茶饮品的口味、口感锦上添花的顶料，它们每部分在茶饮品中的“身份”都不同，本章也会对它们的区别进行介绍。除此之外，本章还会对茶饮品的香气、味道、口感的平衡方法和如何设计茶饮品的外观和装饰以及需要的道具和工具分别进行介绍，为读者更进一步拓展应用的空间，激发读者创造的灵感。

茶饮品是什么？

现在，茶饮品在世界各国都处于大流行状态。说到茶，泡茶自然是有一套属于它自己的标准流程的，但近年来诞生了一种全新类型的饮品，它把各种各样不同的食材和茶结合在了一起。

● 茶饮品发展的先驱地：中国

中国台湾省传统的茶艺风格，是由专业的茶师对茶叶进行精心冲泡和萃取，是非常古朴的泡茶方式。然而，现代的人们觉得这种风格有些老掉牙了。尤其是年轻人，他们不愿意继续用这种传统的方式来喝茶。喝茶的方式也正因如此，从在店里安安稳稳地坐下喝的形式转变为边走边喝的形式。这是时代下的一种趋势，是没有办法逆转的，也是茶饮品得到发展的由来。普通的茶演变成珍珠奶茶、果茶等甜味饮料，茶文化受到了很强烈的冲击。

在中国大陆，如果一家茶饮店推出了新种类的茶饮品，并且很受欢迎，那么所有其他的茶饮店都会提供同样的饮料。这样一来，茶饮品的菜单更新周期会更短，也更容易在市场上创造潮流。但如果某家店铺推出新品种的速度赶不上市场，那么它就会倒闭。

在中国大陆宣传自家茶饮品无添加纯天然，会获得比其他店家更多的人气。单纯由茶、水果、糖浆和天然顶料组成的茶饮品，具有宜人自然的甜味，饮用起来非常舒服。在台湾省，茶饮店想要获得人气，就需要采取和在大陆不同的策略。台湾省受欢迎的茶饮店都是一些有自己的坚持的店铺。这些店铺的菜单大多很简单，他们只会出售自己想出售的茶饮种类。近年来还会有一些店铺对茶底非常讲究，这些店铺一般只出售像珍珠奶茶和黑糖珍珠奶茶这种简单的茶饮品。

● 茶饮品在全世界大流行

在美国，茶饮品往往在果汁店出售，而非专门的茶饮品店铺。美国的茶饮市场大约有八成都是冰茶的天下，在过去，这些冰茶大部分是用水果味香精和甜味剂来调味，但最近，使用新鲜水果制作的鲜果冰茶和以新鲜水果为原料制成的茶饮品也很受欢迎。

无论是中国还是美国，水果的价格都很便宜，所以很多茶饮品都会大量添加水果。这种做法会让茶饮品外观更好看，口味也更好喝，而且不会提高太多成本，价格也就不会太高。无论哪一条都是优点，都会让消费者产生购买欲望。

世界各国都有唐人街，茶饮店需要的各式各样的材料很容易从唐人街获得。所以在澳洲和欧洲的唐人街附近，陆陆续续地开了各种各样的茶饮店。一开始只有一小部分在唐人街的中国人会光顾这些茶饮店，但由于口耳相传，其他不在唐人街居住的中国人也来到这些茶饮店购买茶饮品，而他们会把这些茶饮店的消息传播给其他的非华裔人群。茶饮店的名声也就这样逐渐被打响了，在各国籍族裔的人群中都受到了欢迎。

左图 在中国台湾省，像胶囊咖啡机一样快速制作茶饮品的商店很受欢迎。
中图 中国大陆的茶饮店会像这样准备种类繁多的水果，并且把它们放在顾客可以看到的地方，来增加顾客的购买欲望。
右图 坚持制作无添加纯天然茶饮品的茶饮店。饱含天然水果味道的茶饮品在中国大陆很受欢迎。

在日本有过三次咖啡热潮。第一次是大量咖啡店开业热潮，第二次是西雅图系咖啡店热潮，第三次是精品咖啡热潮。精品咖啡热潮时的咖啡厅，都讲究使用精心挑选的优质咖啡豆用心进行手冲，但直到第三次咖啡热潮来临，日本都还没有过茶饮品热潮。自从珍珠奶茶热潮以来，茶饮品相关产业在日本才开始获得丰厚利益。

日本的茶饮店不同于前述中国大陆的，大多数店铺不会去模仿周边其他茶饮店的菜单。在这种情况下，很难出现一下子爆红的某一种茶饮品，但一旦出现了这样一款茶饮品，这份热度通常会持续很长一段时间。前述的珍珠奶茶便是如此。

获得利益的不仅仅是茶饮店，还有茶叶批发商。茶叶批发商在茶饮品走红之前，每年利润的大头都是把茶叶批发给茶叶店获得的收益，但近几年，茶叶批发商越来越多地把茶叶卖给茶饮店，现在茶饮店的销售额占据了他们利润的大部分。

● 年轻人比起咖啡更喜欢茶

咖啡热潮之所以能兴起，背后的一个关键因素是：对于味觉发育完全的成年人来说，比起茶，咖啡的味道层次更加丰富复杂，所以他们更愿意去喝咖啡。这也是在家里泡茶喝的人变少的原因之一。

但是时过境迁，当下年轻人的味觉很难变得像当年那样了。

现在的社会允许孩子们随意挑食，而不是像过去那样：如果把自己不喜欢吃的东西从饭碗里挑出去，会受到大人们的指责。当下的年轻人们只需要吃自己喜欢吃的东西就可以了，他们从小就是在这样的环境里长大的。而且过去的小孩子对长大这件事有一种莫名的憧憬，他们会对大人的行为进行模仿，这其中自然也包括了“强迫自己吃下自己不喜欢吃的东西”这件事。当年的孩子们通过这种方法，让自己的味觉在不知不觉中就成熟了起来。但现在的年轻人根本就没有这种对“成熟”的憧憬了，自然也就不会再去做类似的模仿。

大脑会自动将嘴里感受到的苦味和酸味判断为有毒，所以如果味觉没有发育成熟，就不会觉得这两种味道是美味的。也正因如此，年轻人对同时具有苦味和酸味的咖啡实在是喜欢不起来。

茶饮品和咖啡就完全不同。茶饮品的味道通常比较简单，从中很难喝出苦味。除此之外，茶饮品的颜色也很鲜亮，和水果搭配起来更加好看，很适合拍照发到社交网络上。这些都促成了茶饮品在世界范围内的流行。

中国大陆的茶饮品市场上，有一半左右的消费者都是 1990 年之后出生的年轻人，茶饮品的市场规模不断扩大，现在已经逼近咖啡市场规模的两倍。茶饮品市场从此还会变得更加活跃，而且这阵热潮受到各方面的关注，在短时间内并不会退去。

左图、中图 深圳市可以边喝边吃水果的茶饮品人气颇高，特点是在下单之后可以立刻取餐。
右图 加利福尼亚州一家热门芒果冰沙店里出售的抹茶冰激凌。略有甜味，回味清爽。
***P10、P11 照片提供：** 作者

关于茶饮品的基本要素

一款茶饮品由以下四部分组成：①作为基底的“茶底”；②和选定的茶搭配起来口感融洽的水果、牛奶等“配料”；③为茶饮品点缀颜色、添加甜味的“酱料、糖浆”；④为茶饮品的口感和外观锦上添花的“顶料”。

首先要考虑茶底的香气和颜色，然后寻找与之合拍的水果和牛奶等配料。其实在做完这一步后，茶饮品就已经完成了，但是根据茶饮品的受众和时令的水果不同，需要分别考虑添加③和④。

如果选用的水果香气较淡，或该水果不合时令，那么它的存在感就会变弱。此时可以多加一些酱料或者糖浆，强调一下茶饮品中水果的存在感。对于嗜甜的人群来说，添加酱料、糖浆为茶饮品带来的甜味会给他们带来更多的满足感。除口味之外，糖浆在茶饮品的外观层面也可以带来不小的帮助。只有茶底和配料的茶饮品通常看起来只有一种颜色，不太好看，但是如果在茶底中添加不同颜色的水果糖浆，它看起来就会更加鲜艳。酱料和糖浆由于含糖量高，密度比茶底要大，因此会沉淀到下层。如果想要在茶饮品中做出分层效果，那么使用酱料、糖浆会是一个很好的选择。

在茶饮品中以水果装饰，再用木薯珍珠之类的配料来改善口感、增强味道的话，就算是大杯的茶饮品也可以让饮者一直高高兴兴地喝到最后。

至今为止，大多数的顶料都做成可以用吸管吸上来的大小，但最近一些地区开始制作外卖用的特殊饮品包装了。这些包装会附带叉子或者勺子，让顾客可以一边喝茶饮品，一边吃茶饮品内的食材。混合型饮品就是这个意思。

现在的茶饮品通常都会运用到最新的食材处理技术和甜品的制作技术，而且茶饮品的配料也如同前文所述，一直在发展和变化。如果能够把茶饮品的四种基本要素很好地组合到一起的话，那么在你的手中，也许就会诞生全新种类的茶饮品。

1 作为基底 茶底

茶的香气是茶饮品的基本。茶分为很多种类，有绿茶、青茶（乌龙茶）、红茶、黑茶、草药茶、调味茶等。但对于茶的选择，要从茶饮品最终成品的想法倒推来进行。除香气之外，茶汤的颜色也会对茶饮品产生很大的影响。

2 水果、牛奶等 配料

通过将配料与茶底进行结合，可以增强或者改变茶的味道。如果想要把茶饮品做出分层效果，那么可以通过加入密度不同的配料来实现。除牛奶、水果以及鲜榨果汁之外，豆奶和杏仁奶之类也可以归到这一类。

构成茶饮品的要素主要有四种

3 添加甜味，点缀颜色 酱料、糖浆

为了给茶饮品带来更多水果的新鲜感，同时为茶饮品增加更多的甜度，需要使用这部分食材。同时，水果糖浆还可以为茶饮品增添光鲜的颜色。在茶饮品中使用茶叶类酱料、香料类酱料和巧克力酱等酱料，可以使茶饮品更加独一无二。

4 为饮品锦上添花 顶料

顶料，顾名思义，就是放在茶饮品最上层的食材。顶料可以为饮品带来更佳的口味、口感以及更好的外观。最常见的顶料自然是木薯珍珠、果冻和寒天等，其他有弹性的固体食物也经常被使用在茶饮品中。除此之外，打发奶油、奶沫、果泥、慕斯、刨冰等也可以作为顶料来使用。

茶饮品的创意构思

首先要想好自己想做什么样的茶饮品，要想象一下它完成之后应该是什么样子的。然后从它完成之后的形态倒推，去思考这款茶饮品应该用什么基底茶；用什么样的水果、牛奶等配料；用什么样的酱料、糖浆来给这款茶饮品上色和增添口味；用什么样的顶料来为它锦上添花。使用这种思考模式来考虑茶饮品的四大组成部分，会让制作变得简单。这几步，可以根据饮品的不同而做出相应的前后调整。

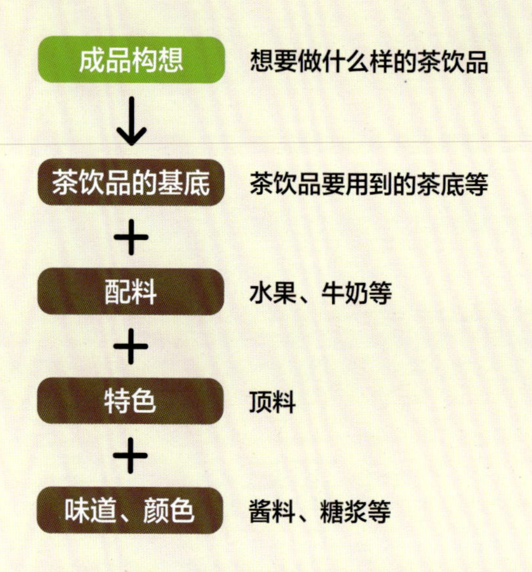

这种做法就像联想游戏一样。比如说，如果你想要制作一款充满花香的茶饮品，那么茶底就可以使用茉莉花茶；如果想让这款茶饮品具有醒脑的功效，那么就可以往里加入柠檬等酸味系的配料。只要能把想法和对应的材料结合起来，制作就会变得简单。

茶饮品的味道可以在最后再去调整，所以最好在平衡好茶饮品整体之后，再去考虑通过糖浆等来调整它的甜味。茶饮品的颜色也是如此，可以在整体大致制作完成后再添加东西来进行微调。

正如同一款茶饮品成品的整体平衡性是非常重要的，对于茶饮店来说，整体菜单的平衡性也是很重要的。如果一家茶饮店内的所有饮品都添加了顶料，那么其实等于所有饮品都没有添加顶料，因为顾客会觉得所有商品看起来都一样。最好专注于几种想要大卖的茶饮品去添加顶料，这样一来才能让顾客一眼注意到它们。

创意构思案例

案例 1

黑糖珍珠奶茶

>P69

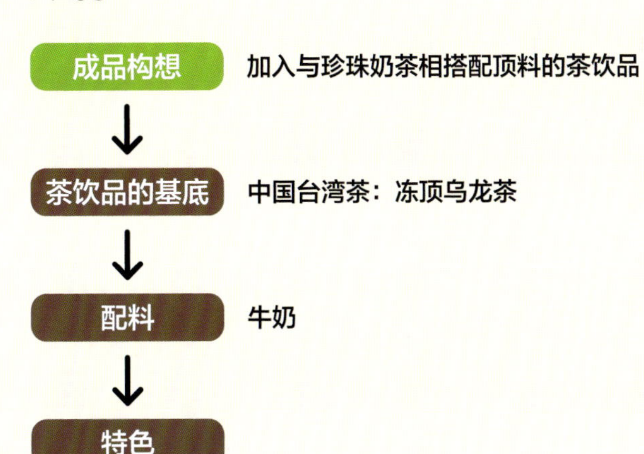

成品构想 加入与珍珠奶茶相搭配顶料的茶饮品

↓

茶饮品的基底 中国台湾茶：冻顶乌龙茶

↓

配料 牛奶

↓

特色

木薯珍珠、奶酪奶沫

因为木薯珍珠是通过将木薯粉和黑糖放在一起揉制而成的，所以和黑糖很相配；乌龙茶是一种发酵茶，所以和同为发酵食品的奶酪奶沫很搭。将黑糖撒在奶酪奶沫上，再用喷枪烤成焦糖来增加一些苦味，使茶饮品的整体甜度更温和。

味道、颜色

味道：木薯珍珠自带的黑糖和奶酪奶沫上的黑糖焦糖。

颜色：白褐色（非常浅的棕色）。

【备忘】构思饮品制作的顺序

从想象中的成品开始倒推必要的材料，然后构思饮品的制作。制作上述黑糖珍珠奶茶的情况下，要先决定茶饮品的基底，然后考虑想要添加的配料和茶饮品的特色，最后思考茶饮品的味道和颜色。根据想象中成品的区别，构思四个主要部分的顺序也会有所不同。

创意构思案例

案例 2

茉香柑橘洋梨

>P101

成品构想

把冬日充满清香的洋梨和花香结合起来，增加更多酸味，让饮用者在饭菜丰盛的冬日时光提神醒脑。

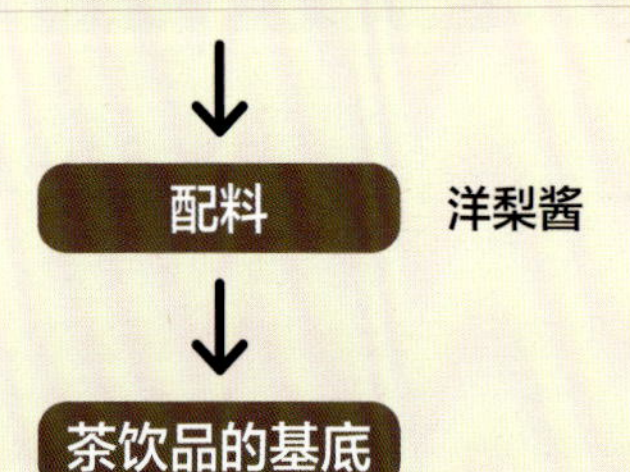

配料 **洋梨酱**

茶饮品的基底

调味茶：茉莉花茶

茉莉花茶本身具有不输给洋梨清香的花香。

味道、颜色

味道：洋梨酱的甘甜。

颜色：淡黄色。

特色

柠檬慕斯、柠檬皮

使用冬季水果的季节性饮品。将细微酸味和如同融雪般的慕斯完美融合。柠檬慕斯助人更加清醒，柠檬皮散发更多香味。

案例 3

甜橙伯爵雪花冰

>P142

成品构想

将炎炎夏日里最受欢迎的刨冰加以改良的茶饮品。

味道、颜色

味道：甜橙雪花冰带来令人神清气爽的甘甜。

颜色：适合夏日的橙色。

配料 **橙子汁做成的雪花冰**

特色

雪花冰

刨冰那种软绵绵的口感使人乐在其中。

茶饮品的基底

调味茶：格雷伯爵茶

格雷伯爵茶的颜色和橙子的颜色十分协调。

创意构思案例

案例 4

咸奶沫咖啡拿铁格雷伯爵茶

>P176

成品构想

在咖啡的浓郁气味之上再添加格雷伯爵茶的香气，是在咖啡店也可以出售的饮品。

茶饮品的基底 调味茶：格雷伯爵茶糖浆

配料 牛奶

特色

意式浓缩咖啡、咸奶沫

把苦味极强的意式浓缩咖啡和咸奶沫组合到一起可以产生丰富的味觉层次。往奶沫上撒一点点盐可以把奶沫本身的甜香激发出来。

味道、颜色

味道：糖浆和咸奶沫之间的甜味达成平衡，还有淡淡的香气。

颜色：褐色。咖啡的颜色非常浓，不管是什么颜色的茶汤都会被它掩盖。

案例 5

血腥玛丽式茶

>P196

成品构想

将茶饮品和传统鸡尾酒有机融合。

茶饮品的基底

红茶伏特加

将格雷伯爵茶的味道与伏特加酒的味道调和，以佛手柑的清香调制出带有柑橘味红茶香气的伏特加。

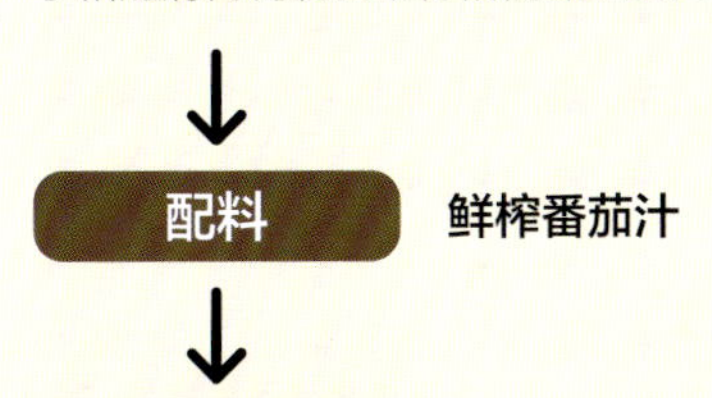

配料 鲜榨番茄汁

味道、颜色

味道：番茄的酸甜味。

颜色：红色。

特色

培根吸管、芹菜叶、干柠檬片

培根做的吸管可以用来喝茶饮品，也可以直接吃掉，同时还能为茶饮品带来咸味，增加味道的层次感。芹菜叶会散发清凉的香气，干柠檬片可以为茶饮品带来更多酸味。

1 茶饮品的构成部分
作为基底的茶

茶饮品的基底就是茶，对于茶来说最不可少的就是茶的香气，换句话说，嗅觉体验才是茶饮品基底中最重要的部分。茶汤的口味不过是用来平衡茶饮品味道的，本身并不足以支撑整款茶饮品。例如，在感冒鼻子不通气的时候，如果吃柠檬的话，是能够尝出柠檬的酸味的，但是却没有办法感受到柠檬特有的香气，在这种情况下，是没有办法分辨出自己吃的是什么的，这是只有味觉受到刺激而嗅觉完全没有在运转的情况。与之相反的，只是去闻柠檬香气而不用味觉去体会的话，是能感觉到自己闻的味道是柠檬的。此外，不同地域、不同环境、不同年龄段的人群，对于口味的喜好也是有所区别的。更何况茶饮品的口味是最容易改变的，只要通过更改茶饮品使用的配料就可以做到了。总而言之，对于茶底来说，最重要的不是茶的口味，而是香气。此外，茶汤的新鲜程度很大程度上也与茶的香气相关。

茶汤在放置一段时间后会变得混浊，发生沉淀现象（冷后浑现象，茶叶中富含儿茶素和咖啡因，在冷却过程中它们会产生结晶，使茶汤变得混浊。茶汤浓度越高，冷却速度越慢，就越容易产生这种情况），所以泡好的茶在6小时内饮用完毕是最为理想的。

泡茶基本都是使用开水，然后把泡好的茶汤倒入已经放好冰块的容器里，再放入配料、酱料等其他茶饮品的组成部分，一款茶饮品就基本完成了。之所以要使用开水泡茶，是因为烧开的水硬度会降低，这样的水更容易把茶叶中含有的各种成分泡出来。除此之外，把水烧开还可以去除自来水中含有的氯离子等会影响味道的成分，同时为水消毒杀菌。泡茶的水温度越高，儿茶素、单宁酸、咖啡因这类物质就越容易从茶叶中析出，泡出的茶汤也就更苦更涩。

与之相对的，如果使用滴漏壶去泡茶（制作冷泡茶），上述几种就很难析出。凉水会让谷氨酸、茶氨酸这些成分更加容易析出，泡出来的茶汤会更清爽、甘甜。由于冷萃茶的茶汤中儿茶素等成分含量很低，所以比起热茶来说，是更难以产生沉淀现象的。茶汤的香气、味道和颜色会因茶叶的发酵程度和冲泡的方法而产生天壤之别，考虑到每一种因素，去冲泡最为合适的茶底，对于茶饮品来说是非常重要的。

茶也不仅仅是好喝而已，它还含有很多对健康有益的成分。让茶汤带有涩味的儿茶素具有降低胆固醇和血脂的作用，还可以为人体预防癌症、抗氧化、预防病毒。让茶汤带有苦味的咖啡因有醒脑功效，可以除去人体的疲劳感和困意，让人的注意力更加集中，还有利尿的功能。让茶汤带有鲜味的茶氨酸可以安神，保护神经细胞。除此之外，茶叶还富含维生素C和维生素B_2，可以维持皮肤和黏膜的健康，防止衰老。如果考虑到这些功效，茶饮品的美味可以说是能够用全身去体会的。

书中登场的茶的种类

绿茶（不发酵茶）

在从树上摘取后，尽可能去避免叶片的氧化和发酵，直接进行干燥烘焙制成的茶叶就称作不发酵茶，又称绿茶。这种茶泡出来的茶汤含有苦味和涩味，而且鲜味十足，可以品尝到层次分明的独特口味。日本人喝的茶绝大多数都是绿茶。绿茶清新的香味适合搭配各种水果，带有强烈苦味或甜味的东西和它放在一起也会很合适。但由于绿茶的香气很“纤细”，如果与气味浓郁的东西混合起来，就闻不到它的气味了。其实焙茶和玄米茶也属于绿茶，但它们的香气虽然清爽，却很浓郁，所以就算它们和气味浓郁的配料混合起来，也还是能感受到茶香的存在。

◉ 玉露、焙茶、玄米茶等

青茶（半发酵茶）

半发酵茶是一种通过在茶叶发酵过程中对茶叶进行加热来使其停止发酵的茶。这种茶叶，已经发酵的部分是棕色的，未发酵的部分是绿色的，两种颜色混合在一起，外表看起来会有一点绀青色，因此把它叫作青茶。从茶叶的发酵程度来看，接近绿茶的 15% 发酵到接近红茶的 70% 发酵都属于青茶，而且对茶叶加热的火候也分为小火、中火和大火，所以青茶有非常多的种类。随着茶叶的发酵程度从低变高，它的颜色也会从略带绿色变为褐色，但不管是低发酵程度带点绿色的清香茶叶，还是高发酵程度的接近红茶颜色的大火烘焙型茶叶，都属于青茶。通过了解茶叶的特性，可以为茶饮品点缀出不同的色彩。使用青茶可以创造出多种多样的组合，它无论是和水果还是牛奶都很合拍，和带酸味的食品放在一起也很适合。

◉ 冻顶乌龙茶、金萱乌龙茶、东方美人茶、四季青乌龙茶、铁观音等

红茶（全发酵茶）

将茶叶完全发酵的茶就称作全发酵茶，也称作红茶。茶叶含有一种叫作氧化酶的酶，全发酵茶就是通过它产生的化学反应制作而成的。在全发酵茶的制作过程中，茶叶的颜色由绿色变为红棕色，香味也从清新的绿色茶香变成花果香类的香气。这类茶和水果的相容性也很好，和各种香料混合起来也很合适。如果将其和红色、褐色等暖色调的水果搭配在一起，那么更是可以让茶饮品产生好看的颜色。

◉ 阿萨姆红茶、大吉岭红茶、正山小种、祁门红茶、英德红茶等

黑茶（后发酵茶）

后发酵茶是指在茶叶干燥烘焙结束之后再去进行发酵制成的茶。在制作过程中，会使用曲霉对茶叶发酵数月。这样制成的茶可以长期保存，而且随着年份的增加，价格也会水涨船高，就像陈年好酒一样。后发酵茶有两种：散茶（茶叶散开）和饼茶（经过压缩后，制成坚硬茶饼的茶叶）。据说，过去茶叶从中国深山的茶叶产区运到消费区需要一年左右的时间，在这段时间中，茶叶被氧化，产生了独特的味道和茶香。这种茶叶略带酸味的烟熏气息会让人想起泥土的芳香，它与甜的牛奶和巧克力有很好的相容性。

◉ 普洱茶

调味茶

这类茶在制作时，会使用各种手段来为茶叶调味。最著名的格雷伯爵茶，就是用佛手柑调味红茶茶叶制成的。除此之外，也有使用各种添加剂来为茶叶调味的，在这种制作工艺下，甚至产生了焦糖香、香草香、巧克力香的茶叶。也有一部分调味茶是使用花瓣、果皮、果干、香料等原料制成的。其中最有名的就是使用茉莉花调味过的中国绿茶，这种茶被称作茉莉花茶。

◉ 格雷伯爵茶、白桃乌龙茶、荔枝乌龙茶、茉莉花茶等

草药茶

草药茶是用干燥的药用植物制成的茶的总称，最初在西方被当作类似中药的药品使用。这类茶与其他茶不同，它不使用茶树的树叶，因此许多草药茶都是不含咖啡因的。种类也很多，有单一种草药制成的草药茶，也有多种草药混合制成的草药茶。根据草药茶的气味，这种茶还具有芳香疗法的效果。

◉ 洋甘菊茶、薄荷茶、玫瑰芙蓉花茶、蝶豆花茶等

茶底的种类和泡法

在这里，我们将介绍本书中出现茶饮品基底的 22 种茶，以及它们的冲泡方法。泡好的茶，除可以作为茶饮品的茶底之外，还可以直接饮用。这里将通过茶的分类来分别介绍它们基本的冲泡方法，但除茶种类不同之外，茶叶的大小和形状不同，泡茶的水温和浸泡时间也会有所区别。在习惯它们的差别之后，想必大家也会渐渐找到泡茶的手感。

泡茶之前，应该知道的知识

☞ 用热水泡茶

本书中说到泡茶，基本上全都指的是用热水泡茶。想要制作冷饮的方法是往用热水泡好的茶汤里加冰，让茶汤迅速降温。使用开水泡茶的理由是烧开的水的硬度会降低，这时的水更容易使茶叶析出其特有的成分。除此之外，还可以去除自来水中的氯离子等有味道的成分，同时为水杀菌。

☞ 要使用软水

最好使用软水泡茶，硬水并不是很合适。日本的水虽然大多数都是软水，但矿泉水中也有很多硬水。使用软水的话，茶叶中特有的成分会更容易析出，而且茶汤的苦涩味道和甜鲜味道会形成更好的平衡。茶叶中含有的草酸会很容易和硬水中的钙离子相结合，这样茶叶中的成分就很难析出了，所以不推荐使用硬水泡茶。

☞ 关于水温

使用凉水的话，在接出水后要立刻使用。刚刚接出来的水会含有一部分空气，这时其中的茶叶会飘舞在水中，这种状态下，茶叶中的成分是更容易析出的。在后面的配方中，所有使用凉水的场合都会特别强调要使用“刚接的水”。如果使用瓶装水泡茶的话，最好使用纯净水。不过瓶装水中的空气含量很少，虽然也可以通过摇晃瓶子的方式让空气溶解，但还是不推荐使用瓶装水。

☞ 关于热水的水温

烧开的水立刻倒入器皿的话，水温会下降到 95℃左右。如果想要以 95℃高温的热水去泡茶，水烧开了以后立刻把开水倒入放好茶叶的器皿里就好了。如果想要调整热水的水温，那么可以使用恒温热水壶或者烹饪用温度计。如果水量比较少的话，可以使用附带温度调节功能的电热水壶。

☞ 关于保存和饮用时限

把泡好的茶汤在高温的状态下保温，如果要制作热饮，就把保温的茶汤直接拿出来使用；如果要制作冷饮，就把茶汤倒入放好冰块的摇酒器或其他能迅速使其降温的工具中，让茶汤迅速冷却后再使用。泡好的茶汤低温保冷的情况又有所不同：如果要制作冷饮，就直接使用保冷的茶汤；如果要制作热饮，就用蒸汽机等工具把茶汤加热后再使用。虽然根据季节和保存条件的不同，茶汤的保鲜情况会有所差异，但泡好的茶汤在 6 小时内饮用完毕是最理想的。

关于泡茶的方法

- 冷饮和热饮的冲泡方法将会分别记载。
- 在考虑茶叶会吸收一部分水分的前提下，根据下述冲泡方法中给到的材料分量来进行冲泡，冲泡完成的茶汤大约都是 1 千克，也就是 1 升的分量。
- 制作冷饮的材料中，有一种材料被记为“凉水（A）”，标注（A）是为了和泡茶的水加以区分。这种材料指的是比常温水的温度稍微低一点点的水。茶汤在冲泡后的冷却过程中很容易产生沉淀现象，这种水就是为了防止沉淀现象产生，用来调整茶汤温度的。由于它并不是直接拿来泡茶的水，因此不管是使用软水还是硬水来做凉水（A）都是可以的。

【红茶】

【红茶】阿萨姆红茶

赤褐色的茶叶散发醇厚的香气，茶汤具有强烈的甘甜。阿萨姆红茶的春茶并不具有很强烈的特征，但六七月采摘的夏茶，泡出的茶汤具有冲击性很强的阿萨姆红茶特有的浓烈口味。如果想要用阿萨姆来泡奶茶的话，夏茶是最合适的。

使用范例 > P121、145、147、149、150、153

【红茶】大吉岭红茶

大吉岭红茶生产于印度东北部的喜马拉雅山脉海拔两千多米的高原上。每年分别收获三次，分为春茶、夏茶和秋茶。根据采摘时期不同，大吉岭红茶的味道也会有所区别，品味起来可以获得许多乐趣。

使用范例 > P73、91、92、93、94、123

阿萨姆红茶和大吉岭红茶冲泡时所需的材料分量相同，泡法也一样

【热饮】

材料　茶叶 26 克、水（软水）1050 克

泡法

① 把刚接的水烧开。

② 把称好的茶叶放进茶器，将步骤①中的水快速倒入茶器。

③ 盖上茶器的盖子闷 4 分钟，把泡好的茶汤倒入过滤容器中。

【冷饮】

材料　茶叶 46 克、水（软水）630 克 ※ 烧开用、冰 315 克、凉水（A）105 克

泡法

① 把刚接的水烧开。

② 把称好的茶叶放进茶器，将步骤①中的水快速倒入茶器，盖上盖子闷 4 分钟。

③ 把冰和凉水（A）倒入过滤的容器中混合，把步骤②中的茶汤倒入其中迅速降温。

【中国台湾茶】

【中国台湾茶】东方美人茶

乌龙茶都属于青茶，东方美人茶是乌龙茶的一种。但它的发酵程度非常高，口味已经接近红茶了。这种茶的制作方法很独特，它需要让一种叫白背飞虱的虫子啃食茶树的叶子，然后再制成茶叶。这种茶具有醇厚的香气，口味甜美，在欧洲也很受欢迎。

使用范例 > P95、99、109、112、126、179

【热饮】

材料　茶叶 26 克、水（软水）1050 克

泡法

① 把刚接的水烧开，冷却到 85℃左右。

② 把称好的茶叶放进茶器，把步骤①中的水注入茶器。

③ 盖上盖子闷 2 分钟，把泡好的茶汤倒入过滤的容器中。

【冷饮】

材料　茶叶 52 克、水（软水）630 克、冰 315 克、凉水（A）105 克

泡法

① 把刚接的水烧开，冷却到 85℃左右。

② 把称好的茶叶放进茶器，把步骤①中的水注入茶器，盖上盖子闷 2 分钟。

③ 把冰和凉水（A）倒入过滤的容器中混合，把步骤②中的茶汤倒入其中迅速降温。

【中国台湾茶】

【中国台湾茶】冻顶乌龙茶

冻顶乌龙茶是台湾省四大名茶之一，制作过程中，对正在发酵的茶叶进行加热，是青茶的一种。它的口味很像绿茶，但又进行了一定程度的发酵，所以口味会给人以水果的感觉，十分鲜丽。

使用范例 > P66、69、119、124、133

【中国台湾茶】金萱乌龙茶

金萱乌龙茶产自台湾省嘉义县海拔 1500 米的阿里山乡，是种类较新的一种乌龙茶，以独特的牛奶香气得名，口味清爽，又被称为“香茶”。

使用范例 > P75、76、134、161、163、175、180、191

【中国台湾茶】四季青乌龙茶

四季青具有兰花一样甜美的香气，口味透亮清爽，回味甘甜。名字的由来是因为这种茶叶无论春夏秋冬都可以采摘制作，四季常青。

使用范例 > P102

冻顶乌龙茶、金萱乌龙茶和四季青乌龙茶冲泡时所需的材料分量相同，泡法也一样

【热饮】

材料 茶叶 20 克、水（软水）1250 克（其中 200 克用来润茶*）

泡法

①把刚接的水烧开，冷却到 95℃左右。

②把称好的茶叶放进茶器，注入 200 克步骤①中的水，迅速把水倒掉（润茶）。

③把剩下的步骤①中的水都注入茶器，盖上盖子闷 1 分钟，把泡好的茶汤倒入过滤的容器中。

【冷饮】

材料 茶叶 40 克、水（软水）830 克（其中 200 克用来润茶）、冰 315 克、凉水（A）105 克

泡法

①把刚接的水烧开，冷却到 95℃左右。

②把称好的茶叶放进茶器，注入 200 克步骤①中的水，迅速把水倒掉（润茶）。

③把剩下的步骤①中的水都注入茶器，盖上盖子闷 1 分钟。

④把冰和凉水（A）倒入过滤的容器中混合，把步骤③中的茶汤倒入其中迅速降温。

*润茶：对于很难被水分浸透的白茶和青茶而言，需要先过一遍热水来将它们浸润。这一遍热水在浸泡过茶叶之后立刻倒掉就可以了。

【备忘】中国台湾茶根据发酵和烘焙的方法不同而分为不同的种类

◎重度发酵、大火烘焙的炭焙型

冻顶乌龙茶、东方美人茶等都属于这个分类。东方美人茶如果用 80～85℃的水去泡的话，会散发出像蜂蜜甜品般顺滑的香味。

◎轻度发酵、小火轻煎的清香型

四季青乌龙茶、金萱乌龙茶等都属于这个分类。如果用 95～100℃高温的热水去冲泡，可以很好地引出它们的茶香。

【中国大陆茶】

【青茶】铁观音

中国十大名茶之一，以冬天和春天采摘到的茶叶为最上品。铁观音具有桃子一样香甜的茶香，口味圆滑，涩味很少。虽然以发酵度高著称，但近年来爽口的风味成为主流，也开始有茶商制作低发酵的铁观音。

使用范例 > P89

【热饮】

材料 茶叶 20 克、水（软水）1250 克（其中 200 克用来洗茶*）

泡法

①把刚接的水烧开，冷却到 95℃左右。

②把称好的茶叶放进茶器，分两次注入 200 克步骤①中的水，都迅速把水倒掉（洗茶）。

③把剩下的步骤①中的水都注入茶器，盖上盖子闷 1 分钟，把泡好的茶汤倒入过滤的容器中。

【冷饮】

材料 茶叶 40 克、水（软水）830 克（其中 200 克用来洗茶）、冰 315 克、凉水（A）105 克

泡法

①把刚接的水烧开，冷却到 95℃左右。

②把称好的茶叶放进茶器，分两次注入 200 克步骤①中的水，都迅速把水倒掉（洗茶）。

③把剩下的步骤①中的水都注入茶器，盖上盖子闷 1 分钟。

④把冰和凉水（A）倒入过滤的容器中混合，把步骤③中的茶汤倒入其中迅速降温。

*洗茶：由于有一些青茶和黑茶的发酵时间很长才能够熟成，它们发酵的时候会被放在仓库里，这时茶上会积灰，所以在泡茶的时候需要把灰尘洗掉，这时就需要让茶叶迅速过两遍热水。工艺茶在制作时也同样需要经历洗茶这一步骤。

【黑茶】普洱茶

中国大陆采用后发酵手法制作的黑茶统称普洱茶。普洱茶具有独特的泥土香气和深厚浓郁的口味，这也使得它与油腻的食物很相配。普洱茶分为生茶和熟茶两种，味道有所不同。

使用范例 > P156

【热饮】

材料 茶叶 10 克、水（软水）1250 克（其中 200 克用来洗茶）

泡法

①把刚接的水烧开，冷却到 95℃左右。

②把称好的茶叶放进茶器，分两次注入 200 克步骤①中的水，都迅速把水倒掉（洗茶）。

③把剩下的步骤①中的水都注入茶器，盖上盖子闷 5 分钟，把泡好的茶汤倒入过滤的容器中。

【冷饮】

材料 茶叶 20 克、水（软水）830 克（其中 200 克用来洗茶）、冰 315 克、凉水（A）105 克

泡法

①把刚接的水烧开，冷却到 95℃左右。

②把称好的茶叶放进茶器，分两次注入 200 克步骤①中的水，都迅速把水倒掉（洗茶）。

③把剩下的步骤①中的水都注入茶器，盖上盖子闷 5 分钟。

④把冰和凉水（A）倒入过滤的容器中混合，把步骤③中的茶汤倒入其中迅速降温。

【备忘】生茶和熟茶的区别

生茶是通过让茶叶自然发酵来制成的茶叶，在生产出来后颜色很浅，与绿茶接近，香气类似于花香。在经过时间推移的过程中，它的香气会慢慢变成葡萄酒一样的芳醇气味，或是像果干一样的香甜气味。熟茶是经过两个月左右人工发酵制成的产物，生产周期比较短，泡出来的茶汤从栗色到深棕色都有，具有果干一样的甘甜香气，也有一些熟茶具有沉香一样的气味。

【红茶】正山小种

产于中国福建省武夷山一带的红茶，使用松木熏制而成，所以茶叶带有烟熏的味道。松树的树木饱含精油，这些精油在熏制的过程中附着在茶叶表面，形成了一层光泽。

使用范例 > P193

【红茶】祁门红茶

世界三大高香名茶之一。使用了很多中国传统的制茶工艺精制而成，具有被烟熏过花朵般优雅的甜香，口味浓郁鲜香。如果把新制成的茶叶储藏半年到一年的话，它的香气甚至还会更上一层楼。

使用范例 > P178

【红茶】英德红茶

普通的英德红茶茶叶是黑色的，有强烈的烟熏感，很适合用来做奶茶。高级的英德红茶和普通的英德红茶完全不同，茶叶呈金色，口味十分浓厚。口感温和，酸涩的味道很少，泡好的茶汤适合直接饮用。

使用范例 > P165、167

正山小种、祁门红茶和英德红茶冲泡时所需的材料分量相同，泡法也一样

【热饮】

材料 茶叶 20 克、水（软水）1050 克

泡法

①把刚接的水烧开，冷却到 95℃左右。

②把称好的茶叶放进茶器，迅速注入步骤①中的水。

③盖上盖子闷 1 分钟，把泡好的茶汤倒入过滤的容器中。

【冷饮】

材料 茶叶 40 克、水（软水）630 克、冰 315 克、凉水（A）105 克

泡法

①把刚接的水烧开，冷却到 95℃左右。

②把称好的茶叶放进茶器，迅速注入步骤①中的水，盖上盖子闷 1 分钟。

③把冰和凉水（A）倒入过滤的容器中混合，把步骤②中的茶汤倒入其中迅速降温。

【备忘】

因为茶叶中有苦味的成分咖啡因从 80℃才开始向茶汤析出，所以如果使用不到 80℃的热水去泡茶，那么咖啡因就不会析出到茶汤里，茶汤会变成有一些涩味的丰富味道。茶叶中产生甜味和鲜味的成分是从 45℃开始析出的，其中特别需要注意的是，如果用 70～90℃的水去泡茶，那么叫作茶氨酸的氨基酸就会大量析出。产生涩味的儿茶素会从 60℃开始析出，如果想要泡出口味层次丰富的茶汤，那么用 80℃左右的热水是最好的。

【日本茶】

【日本茶】玉露

玉露新芽的成长时期是使用名为覆下栽培的方式培养的，这种方式会在新芽的上方覆盖遮挡物，来为其避光避热避寒。由于它的成长环境比较舒适，因此茶叶中的茶氨酸含量很丰富，茶汤鲜甜，口感浓郁，香气宜人。最高级的玉露，采茶都是手工采摘，一年只能收成一次，可说是“茶中之王”。

使用范例 > P84、88、118、131、189

【热饮】

材料 茶叶30克、水（软水）1050克

泡法

①把刚接的水烧开，冷却到60℃左右。

②把称好的茶叶放进茶器，慢慢注入步骤①中的水。这时如果晃动茶器，茶汤会变得混浊，所以要注意倒水时不要晃动茶器。

③盖上盖子闷1.5~2分钟，把泡好的茶汤倒入过滤的容器中。

【冷饮】

材料 茶叶60克、水（软水）630克、冰315克、凉水（A）105克

泡法

①把刚接的水烧开，冷却到60℃左右。

②把称好的茶叶放进茶器，快速注入步骤①中的水，盖上盖子闷1.5~2分钟。

③把冰和凉水（A）倒入过滤的容器中混合，把步骤②中的茶汤倒入其中迅速降温。

【日本茶】焙茶

绿茶的一种，把煎茶、番茶或茎茶烘焙而成的茶都叫作焙茶*。茶汤具有独特的香气，基本没有苦味和涩味，入口十分清爽。

使用范例 > P71、157、162

【日本茶】玄米茶

向番茶或煎茶中加入炒过的玄米，就成了玄米茶。因为加入了玄米，所以泡茶时需要的茶叶量会相对较少，这样一来茶汤中的咖啡因就会变少，味道也会更加清爽。玄米茶搭配抹茶的组合也很受欢迎。

使用范例 > P72、159

焙茶和玄米茶冲泡时所需的材料分量相同，泡法也一样

【热饮】

材料 茶叶30克、水（软水）1050克

泡法

①把刚接的水烧开，冷却到95℃左右。

②把称好的茶叶放进茶器，把步骤①中的水注入茶器。

③盖上盖子闷30秒，把泡好的茶汤倒入过滤的容器中。

【冷饮】

材料 茶叶40克、水（软水）630克、冰315克、凉水（A）105克

泡法

①把刚接的水烧开，冷却到95℃左右。

②把称好的茶叶放进茶器，把步骤①中的水快速注入茶器。

③把冰和凉水（A）倒入过滤的容器中混合，把步骤②中的茶汤倒入其中迅速降温。

*焙茶：由于经过高温烘焙，儿茶素和咖啡因的含量都比较低，如果用高温的热水泡制，香气会被完全激发出来。

【调味茶】

【调味茶】格雷伯爵茶

使用佛手柑芳香的精油调味过的红茶，是调味茶的代表种类，受到全世界各种各样人群的喜爱。格雷伯爵茶有很多种：有只含有一种红茶茶叶的，也有很多种茶叶混合在一起的。不同的茶叶组合会为味道带来很大的变化，茶香也会有所不同。

使用范例 > P97、106、142、155、160、176、183、184、196

【热饮】

材料 茶叶26克、水（软水）1050克

泡法

①把刚接的水烧开，冷却到95℃左右。

②把称好的茶叶放进茶器，把步骤①中的水快速注入茶器。

③盖上盖子闷4分钟，把泡好的茶汤倒入过滤的容器中。

【冷饮】

材料 茶叶46克、水（软水）630克、冰315克、凉水（A）105克

泡法

①把刚接的水烧开，冷却到95℃左右。

②把称好的茶叶放进茶器，把步骤①中的水快速注入茶器。

③把冰和凉水（A）倒入过滤的容器中混合，把步骤②中的茶汤倒入其中迅速降温。

【调味茶】白桃乌龙茶

给中国台湾产的乌龙茶附上白桃的香味，喝起来口感水润清澈。作为基底的乌龙茶是青茶的一种，回味很清爽，是很受欢迎的一种调味茶。

使用范例 > P83、85、104、151、195

【调味茶】荔枝乌龙茶

给中国台湾产的乌龙茶调上荔枝的香味，泡出来的茶汤透明感十足，呈金黄色。这种茶的味道平衡性很好，口感顺滑，口味醇美。

使用范例 > P194

白桃乌龙茶和荔枝乌龙茶冲泡时
所需的材料分量相同，泡法也一样

【热饮】

材料 茶叶20克、水（软水）1050克

泡法

①把刚接的水烧开，冷却到95℃左右。

②把称好的茶叶放进茶器，把步骤①中的水注入茶器。

③盖上盖子闷1分钟，把泡好的茶汤倒入过滤的容器中。

【冷饮】

材料 茶叶40克、水（软水）630克、冰315克、凉水（A）105克

泡法

①把刚接的水烧开，冷却到95℃左右。

②把称好的茶叶放进茶器，把步骤①中的水注入茶器，盖上盖子闷1分钟。

③把冰和凉水（A）倒入过滤的容器中混合，把步骤②中的茶汤倒入其中迅速降温。

【调味茶】**茉莉花茶**

茉莉花茶是中国花茶的代表性种类之一，通常这类茶都是给绿茶调味，但也有用乌龙茶和白茶制成的茉莉花茶。茶叶带有茉莉花花蕊和花瓣的香气，配合起来气味清幽。

使用范例 > P65、82、96、98、100、101、103、105、117、129、141、173、182、188、194

【热饮】

材料　茶叶 20 克、水（软水）1050 克

泡法

①把刚接的水烧开，冷却到 85℃左右。

②把称好的茶叶放进茶器，把步骤①中的水注入茶器。

③盖上盖子闷 1 分钟，把茶汤倒入过滤用的容器。

【冷饮】

材料　茶叶 40 克、水（软水）630 克、冰 315 克、凉水（A）105 克

泡法

①把刚接的水烧开，冷却到 95℃左右。

②把称好的茶叶放进茶器，把步骤①中的水注入茶器。

③把冰和凉水（A）倒入过滤的容器中混合，把步骤②中的茶汤倒入其中迅速降温。

【草药茶】**洋甘菊茶**

洋甘菊是一种多年生草本植物，经常被用作药材。它的香气和青苹果类似，很有水果的感觉。洋甘菊茶具有安神的功效，在草药茶之中很受欢迎。

使用范例 > P113

【热饮】

材料　洋甘菊（花茶）20 克、水（软水）1050 克

泡法

①把刚接的水烧开，冷却到 95℃左右。

②把称好的洋甘菊放进茶器，把步骤①中的水注入茶器。

③盖上盖子闷 3 分钟，把泡好的茶汤倒入过滤的容器中。

【冷饮】

材料　洋甘菊（花茶）40 克、水（软水）630 克、冰 315 克、凉水（A）105 克

泡法

①把刚接的水烧开，冷却到 95℃左右。

②把称好的洋甘菊放进茶器，把步骤①中的水注入茶器，盖上盖子闷3分钟。

③把冰和凉水（A）倒入过滤的容器中混合，把步骤②中的茶汤倒入其中迅速降温。

【草药茶】**薄荷茶**

薄荷是唇形科植物，分为很多种，有胡椒薄荷、留兰香、苹果薄荷等。薄荷有抗菌的作用和促进消化的功能，富含的薄荷醇不仅好闻，清凉感还可以助人提神醒脑。薄荷和柑橘搭配也很不错。

使用范例 > P115

【热饮】

材料　薄荷（干燥）20克、水（软水）1050 克

泡法

①把刚接的水烧开，冷却到 95℃左右。

②把称好的薄荷放入茶器，把步骤①中的水倒入茶器。

③盖上盖子闷 3 分钟，把泡好的茶汤倒入过滤用的容器。

【冷饮】

材料　薄荷（干燥）40 克、水（软水）630 克、冰 315 克、凉水（A）105 克

泡法

①把刚接的水烧开，冷却到 95℃左右。

②把称好的薄荷放入茶器，把步骤①中的水倒入茶器，盖上盖子闷3分钟。

③把冰和凉水（A）倒入过滤用的容器混合，把步骤②中的茶汤倒入容器迅速降温。

【草药茶】玫瑰芙蓉花茶

玫瑰的果实经过干燥后有着独特的果香，和芙蓉花的香味很搭。玫瑰芙蓉花茶酸味十足，茶汤有着红宝石一样诱人的色泽，如果加入具有甜味的材料进行调和，口味会变得温和。

使用范例 > P116

【热饮】

材料 玫瑰芙蓉花（花茶）20克、水（软水）1050克

泡法

①把刚接的水烧开，冷却到95℃左右。

②把称好的花茶放入茶器，把步骤①中的水倒入茶器。

③盖上盖子闷3分钟，把泡好的茶汤倒入过滤用的容器。

【冷饮】

材料 玫瑰芙蓉花（花茶）40克、水（软水）630克、冰315克、凉水（A）105克

泡法

①把刚接的水烧开，冷却到95℃左右。

②把称好的花茶放入茶器，把步骤①中的水倒入茶器，盖上盖子闷3分钟。

③把冰和凉水（A）倒入过滤用的容器混合，把步骤②中的茶汤倒入容器迅速降温。

【草药茶】蝶豆花茶

蝶豆花是豆科植物，产自泰国，特征是具有鲜艳蓝色的花朵。由于蝶豆花茶使用的是干燥的蝶豆花瓣，因此茶汤中会有天然色素析出。柠檬汁内富含柠檬酸，与蝶豆花中的花青素会产生化学反应，产生紫色的物质。

使用范例 > P77、87

【热饮】

材料 蝶豆花（花茶）20~30朵、水（软水）1050克

泡法

①把刚接的水烧开，冷却到95℃左右。

②把数好的蝶豆花放入茶器，把步骤①中的水倒入茶器。

③盖上盖子闷3分钟，把泡好的茶汤倒入过滤用的容器。

【冷饮】

材料 蝶豆花（花茶）20~30朵、水（软水）630克、冰315克、凉水（A）105克

泡法

①把刚接的水烧开，冷却到95℃左右。

②把数好的蝶豆花放入茶器，把步骤①中的水倒入茶器，盖上盖子闷3分钟。

③把冰和凉水（A）倒入过滤用的容器混合，把步骤②中的茶汤倒入容器迅速降温。

向蝶豆花茶中加入柠檬汁的话，茶汤的颜色会慢慢产生变化。加以搅拌的话，茶汤最终会变成粉红色。

【备忘】

由于草药茶中不含有茶叶，因此材料中基本没有儿茶素，就算用高温的热水去泡也没有关系。

冷萃茶的做法

不管哪种茶想要制作冷萃茶，基本的步骤都相差无几：把茶叶塞入茶包里，放到盛满凉水的容器中，放置数小时。根据茶的种类不同，使用的茶叶分量也会有所不同，但大体来说，1 升水要消耗 10～15 克的茶叶。

和热水泡茶相比，富含苦涩味道的儿茶素、单宁酸和咖啡因没有那么容易析出，在冷水中，各种氨基酸，比如茶氨酸、谷氨酸等都相对更容易析出，所以冷萃茶的茶汤鲜甜的味道会更多一些。与此同时，由于儿茶素等成分含量很少，茶汤不容易发生沉淀现象。

材料（例 1）

◉ **格雷伯爵茶**

茶叶 10 克、水（软水）1050 克

材料（例 2）

◉ **玉露**

茶叶 20 克、水（软水）1100 克

＊两个范例中使用到材料的分量泡出的茶汤都是大约 1 升。

泡法

①把茶叶塞进茶包里。

②把茶包和冷水放到带盖子的干净容器中。

③把盖子盖上，放置于冰箱冷藏层 8～10 小时。

④泡好茶汤后，把茶包取出。

茶饮品的构成部分

2 水果、牛奶等茶饮品常用配料

“配料”是指加在茶底之中，和茶底搭配起来，让茶饮品的味道产生独特变化的食材。如果配料使用得当，可以把茶底的口味层次引出来，让茶饮品的味道变得更加复杂与醇厚。此外，配料还可以让茶饮品分层，随着茶饮品被一点点喝掉，味道也会随着层次不同而有所区别。配料的使用还决定了茶饮品的独创性。如果茶饮品中配料的使用很合适，该款茶饮品很有可能成为茶饮店的招牌。

虽然说有很多种香气浓烈、气味扑鼻的茶，但很少有味觉刺激也很强的茶，所以茶底和各种各样的配料组合起来，会产生很丰富的可能性。但如果和气味很浓的食材组合起来，那么茶本身的香气就会被掩盖，使用茶底的意义也就没有了。所以在选择配料时，要把气味也考虑进来，让配料和茶底完美组合起来，使茶饮品更上一层楼。

● 经典配料——牛奶

奶茶在世界各国都很流行，这不是这几年才发生的事情，可以说是从很久以前流传下来的传统。牛奶和茶是非常搭的。格雷伯爵茶里因为添加了佛手柑的果皮和香气，茶底和牛奶混合的话可能会产生分层的现象，但二者的味道是不会分离开来的，而是会紧密结合在一起。基本来说，不管是哪一种茶都和牛奶的味道有很好的相容性，特别是苦味很强烈的那些茶，比如抹茶和乌瓦茶等，会和带有乳糖甘甜的牛奶完美结合到一起。

其他具有代表性的还有中国台湾的东方美人茶，由于具有苹果一样的清香，因此和苹果搭配起来很自然。除此之外，和肉桂这种在苹果的甜品里经常使用的材料也很合。东方美人茶的茶汤是黄橙色的，所以如果拿来制作同色系或红色系的茶饮会很好看。

豆奶和杏仁奶在茶饮品中经常作为水果和牛奶的替代品被加入，如果搭配得当的话，也会独有一番风味。

● 水果也可以用作配料

新鲜的水果由于水分很足，不容易变色，很好处理，所以经常被用作茶饮品的配料。使用榨汁机榨取含水量丰富的果实，可以毫不浪费地取得需要的果汁。

黏度很高的水果是很适合做成果泥的。新鲜程度没有那么高的水果如果需要冷冻保存，把冻好的水果做成果泥也是一个不错的解决方案。把水果切成小块再加以冷冻，然后用搅拌机打碎它，果泥就做好了。把切好冷冻过的水果腌成糖浆也是一个不错的选择，只不过像柑橘这类水果的果肉有很多果粒，外面会有一层薄膜，就算腌成糖浆可能也不会十分入味。

在切水果时，要考虑的是直接把水果块加入茶饮品之中，还是要把它打成果泥，然后决定要切成多大的块。

当然，把水果做成果干也是一种处理的有效手段。做成果干，不仅可以让水果的保质期延长，还可以用它来作为茶饮品的装饰。

配料的作用

- 引出茶底的口味层次。
- 让茶底的味道更加醇厚。
- 使茶饮品的味道更加复杂，随着饮用产生不同的味道。
- 让茶饮品分层，在外观上看起来会更加华丽。
- 使用得当的话，可以做出非常独特的茶饮品。

各种各样的配料

牛奶、豆奶、椰子水、意式浓缩咖啡、乳酸菌饮料、甜酒、酒类饮品、水果等。

*如果茶饮品的基底是酒类饮品的话，那么茶汤才是配料。

配料的使用范例

◉ 乌龙奶茶

> P66

配料：牛奶

茶底：中国台湾茶冻顶乌龙茶

◉ 豆奶大吉岭

> P73

配料：豆奶

茶底：红茶大吉岭红茶

◉ 东方美人葡萄茶

> P99

配料：无籽葡萄（紫、绿）

茶底：中国台湾茶东方美人茶

◉ 四柑大吉岭

> P123

配料：柠檬、青柠、橙子、金橘

茶底：红茶大吉岭红茶

◉ 奇异红椒东方美人茶

> P179

配料：红辣椒的汁液

茶底：中国台湾茶东方美人茶

◉ 梅酒茉莉

> P188

配料：梅酒

茶底：调味茶茉莉花茶

如何把水果用作茶饮品的配料

◉ 榨汁

对于水分很多的水果来说，使用榨汁机来进行榨汁可以让水果一点都不浪费。

◉ 做成果泥

对于黏度很高的水果来说，做成果泥很合适，只需要切块冷冻，再用搅拌机处理就可以了。

◉ 切块使用

可以直接切块放进茶饮品中，也可以把切了块的水果做成糖浆来使用。

◉ 做成果干

把水果干燥后做成果干可以让水果的保质期大幅度延长，而且可以减少果肉的损失。作为茶饮品的装饰也很合适。

【备忘】非常方便的食品烘干机

食品烘干机是用来干燥蔬菜或水果的机器，尺寸从小到大有很多种，最小的只有微波炉大小。使用食品烘干机除用来处理水果之外，还有很多其他用途，比如把培根制作成吸管形状。

3 茶饮品的构成部分 酱料、糖浆

糖浆就是浓度很高的糖水，或者可以指加了大量砂糖的果汁。酱料指液状或糊状的其他调料。本书中，糖浆大部分指较稀的液体调料，酱料大部分指浓稠的液体调料。浓度很高的酱料如果涂抹在茶饮品容器的内侧，还可以作为茶饮品装饰的一部分来使用（P54）。糖浆是做不到这一点的。

● 酱料、糖浆的作用

酱料和糖浆都是用来给茶饮品增加甜味的，同时增进浓厚的口感，还可以给茶饮品调色。如果一款茶饮品只有茶底和少量配料的话，味道通常会非常清淡，但如果配料放得太多，茶底的茶味又会被盖住。如果是添加水果的茶饮品，往茶饮品中大量添加水果会使容器之内“拥挤不堪”，很难喝到东西。所以，酱料或糖浆通常会取代一部分水果的作用，为茶饮品调整口感上的平衡，也更便于调味。

如果在茶饮品中只使用生产好的半成品糖浆，那么所有的茶饮店的商品就都会是同一种口味了。如果使用自己手工制作的糖浆，虽然会花费大量时间和精力，但如果用到自己满意的茶饮作品上，是会比使用工业产品获得更多欢迎的。特别是根据季节不同制作的时令糖浆，更是会令茶饮品与众不同。一些高人气的茶饮店会特别宣传自家的商品无添加纯天然，这样的店铺当然也是不会使用半成品糖浆的。半成品糖浆会添加很多香精、维生素和稳定剂，这些添加物都会影响茶饮品的口味。

● 糖浆的主要成分和制作趋势

三温糖糖浆和黑糖糖浆通常用来为茶饮品增加甜度。三温糖糖浆是为茶饮品增添甜度的糖浆里使用最为广泛的。黑糖自身带有一定的香气，需要在和黑糖很配的茶饮品（黑糖奶茶等）中使用。

如果想要为茶饮品增添水果的味道，或者是希望茶饮品看起来色泽更加鲜艳，那么就需要使用水果类的酱料和糖浆。使用新鲜的水果来制作糖浆的话，根据季节和水果的种类不同，制作出糖浆的味道也会有很大区别。如果是当季的水果，那么做出的糖浆就会酸甜可口，香气怡人。糖浆的口味随着季节的变换而不同，这也是饮用茶饮品的一大乐趣所在。“只有这段时期才能够喝到这种口味”的想法，也会提升顾客的购买意愿。

除水果以外，巧克力和抹茶也经常被拿来做酱料，它们会成为支撑茶饮品的“骨架”，变成茶饮品主要的口味来源。把这类酱料和合适的配料混合在一起，可以直接做出茶饮品。还有一类糖浆，是用各种香料或茶叶制成的，它们也可以为茶饮品增添香气和甜度。这类糖浆，就算只加一点点也可以激发出浓厚的气味。

在制作酱料或糖浆的时候，需考虑它要被用于饮品的哪一部分，根据气味、味道和颜色来选择合适的食材。如果能够熟练掌握食材、糖分的配比，制作酱料和糖浆的时候就会更加得心应手。

制作酱料和糖浆的精髓

◉ 关于所需食材的分量

本书记载的所有关于酱料和糖浆制作的食材分量都是以制作方便为标准设置的。正因如此，在实际使用时要根据实际情况准备食材。

◉ 制作出的酱料、糖浆的保质期和保存方法

在冰箱冷藏可以保存几天，但还是需要尽快使用。如果对做好的糖浆进行加热，可以让糖浆的糖度上升，这样可以保存更长时间，但糖浆的新鲜度会下降，所以最好还是不这么做。如果制作了大量的糖浆，把它冷冻起来可以保存一个月以上，每天使用的时候分出一些就可以了。

【砂糖类糖浆】增添甜度的首选

三温糖糖浆

茶饮店中为茶饮品增添甜度的首选糖浆。三温糖的口味比普通砂糖要富有更多层次，只需要煮沸就可以轻松制作。

材料 三温糖（糖粉）500 克、水 350 克

黑糖糖浆

黑糖糖浆就是黑糖珍珠里的那种糖浆。如果往黑糖糖浆里加入煮沸的木薯粉和木薯珍珠的话，可以让糖浆更为浓稠。

材料 黑糖（糖粉）500 克、水 350 克

三温糖糖浆和黑糖糖浆的制作方法相同

制作方法

① 把材料全部放到锅里，使用中火让糖粉溶化。

② 关火冷却。

【甜食类酱料】茶饮品的骨架，最主要的味道

抹茶酱

使用石磨磨出的抹茶颗粒细小，即使拿来制作酱料也不会有粗糙的口感，入口顺滑。

使用范例 > P67、143、144、177、181

材料 抹茶（石磨抹茶）15 克、热水（75℃）135 克

制作方法

① 在容器中加入热水和用滤茶器筛过的抹茶并搅拌，盖上盖子闷 5 分钟。

② 倒入碗中，放在冰上使其迅速冷却，使用电动搅拌器搅拌均匀。

巧克力酱

带有一点点苦味的简单酱料，由可可粉和砂糖制成。如果是手工制作的话，可以自由改变巧克力酱的甜度，有其独特的魅力。

使用范例 > P156、161、162、163

材料 可可粉 200 克、砂糖 200 克、烧开的热水 400 克

制作方法

把所有材料倒入容器中，使用电动搅拌器搅拌均匀。

白巧克力酱

仅使用调温白巧克力和牛奶制成的简单酱料，香味浓郁。如果巧克力凝固了，加热它来使其融化。

使用范例 > P143、161

材料 白巧克力（调温巧克力*）400 克、牛奶 600 克

制作方法

把白巧克力和牛奶倒入锅中，使用中火慢熬，使其混合。待巧克力完全融化后，关火冷却。

*用于制作糖果的巧克力，含有大量可可脂。

生焦糖酱

生焦糖酱的特征是具有蜂蜜和香草的独特香气。使用红糖制作的生焦糖酱不会太甜，但味道醇厚。

使用范例 > P145

材料 红糖*500 克、生奶油（乳脂含量 42%，煮沸）500 克、适量水

制作方法

①把红糖和水倒入锅中搅拌，待成为糖浆状后开启中火（图①）。

②待开锅后，持续摇动锅，不要搅拌，让红糖进一步溶化。待锅内固体溶化得差不多时，继续煮沸，让锅内的液体从黄色变成褐色（图②）。

③可以闻到焦糖香，且锅内大量冒泡时，把火力减弱，在焦糖的颜色变成自己喜欢的颜色之前关火，利用余温对焦糖的颜色进行调整（图③）。

④把煮开的生奶油分三次缓缓倒入锅内并搅拌均匀。如果倒入太快的话，焦糖会飞溅而出（图④、图⑤）。

⑤充分搅拌，待锅内颜色均匀后，生焦糖酱就完成了（图⑥）。

*红糖由大火煮的甘蔗汁制成。

墨西哥辣酱

墨西哥辣酱同时具有甘甜、辛辣、酸爽的特点，每种味道达到平衡，是一种神奇的甜酸口味的酱料。也有一种说法，认为这种酱料是从日本的梅干酱衍生而来的。

使用范例 > P129、131、133、134

材料 莫利塔辣椒*2 颗、青柠汁 120 克、石榴糖浆（P38）60 克、梅子酱（红色）50 克、杏子果泥 250 克、白砂糖 75 克、玫瑰盐 2.5 克

制作方法

① 将莫利塔辣椒切成两半，去掉种子，在青柠汁中浸泡半天。

② 将所有材料放入搅拌机进行长时间处理，直到莫利塔辣椒变成糊状。

＊莫利塔辣椒是产自墨西哥的一种干辣椒。

辣汁

辣汁是一种用混合香料制作的糖浆，通过煮沸来提取香料的精华。选用的香料都是有很强烈味道的，比如肉桂、豆蔻、丁香等。

使用范例 > P162

材料 干辣椒 4 颗、桂皮碎 8 克、豆蔻 24 球、丁香 12 颗、八角 2 颗、水 350 克、细砂糖 180 克

制作方法

① 将除细砂糖外的所有材料放入锅中，用中火加热。当它沸腾时，加入细砂糖并搅拌使之溶解（图①、图②）。

② 煮 5 分钟，关火，盖上盖子，在室温下冷却。冷却这一步使香料的精华更容易析出。

③ 不需要进行任何过滤，将煮好的酱料储存在阴凉避光处。

①

②

马萨拉茶糖浆

使用这种糖浆，可以轻松做出印度风格的甜奶茶。马萨拉是指混合香辛料。

使用范例 > P185

材料 乌瓦茶叶 60 克、丁香 30 颗、豆蔻 60 球、桂皮碎 20 克、八角 10 颗、香叶 10 片、黑胡椒 50 颗、三温糖 500 克、姜片 100 克、水 1000 克

制作方法

① 把除姜片、水和三温糖以外的所有材料放进锅里，翻炒至出香。

② 把姜片和水放到另一口锅里，把步骤①中的材料倒入，使用中火加热，煮到只剩一半液体。

③ 把步骤②中的液体倒入过滤容器中进行过滤。如果进行到这一步液体的质量少于 500 克了，那么要加水调整到 500 克。

④ 加入三温糖使其溶化并冷却。

生姜糖浆

使用新鲜生姜和三温糖制成的糖浆。由于味道很单纯，因此搭配饮品很简单，使用于现有茶饮品的改进中也很合适。

使用范例 > P43

材料 生姜 400 克、白砂糖 400 克、水 800 克

制作方法

①把生姜洗净并完全沥干，切成 2 毫米厚的薄片。

②把生姜片放入锅中，盖上白砂糖，静置 30 分钟以上，直到水分析出。

③把水加入步骤②中的材料中，使用中火烧开，转成小火，撇去浮沫，再煮20分钟左右。

④关火冷却，把姜片连同糖浆一起放进封闭容器保存。

英德红茶糖浆

使用英德红茶制作的糖浆，甜味很浓，苦涩味道很少，带有英德红茶特有的柔和香气。

使用范例 > P165、167

材料 英德红茶（茶叶）20 克、水 300 克、细砂糖 200 克

茉莉花茶糖浆

使用茉莉花茶制作的糖浆，回味清香。具有绿茶清爽的涩味和花朵的幽雅甜气。

使用范例 > P182

材料 茉莉花茶（茶叶）20 克、水 300 克、细砂糖 200 克

格雷伯爵茶糖浆

使用具有清爽柑橘香气的格雷伯爵茶制作的糖浆，苦味、甜味参半。

使用范例 > P160、176、183、184

材料 格雷伯爵茶（茶叶）20 克、水 300 克、细砂糖 200 克

英德红茶糖浆、茉莉花茶糖浆和格雷伯爵茶糖浆的制作方法相同

制作方法

①把茶叶和水加入锅中混合，使用大火烧开，转成小火使其沸腾 3 分钟（图①）。

②将步骤①煮出的茶汤过滤。如果进行到这一步液体的质量少于 200 克了，那么要加水调整到 200 克。加入细砂糖，使之溶解（图②）。

图为英德红茶糖浆的熬制。

要通过茶饮品的成品和茶饮店的风格来决定如何制作酱料或糖浆：是要直接使用新鲜水果制作，还是先把水果做成果泥再制作。新鲜水果固然会更加美味，但需要更多的时间处理；使用果泥可以省去很多烦琐的步骤。要分别考虑它们的优势，并加以利用。

☞ 使用果泥的酱料的基本制作方法

① 向锅内加入果泥、细砂糖以及一半柠檬汁*，使用中火加热，不要烧开，观察细砂糖全部溶解后关火。

② 在仍未冷却时加入剩余的一半柠檬汁，倒入碗中，放在冰上使其迅速冷却。

*柠檬内的柠檬酸具有着色效果，加入柠檬汁可以让水果本身的颜色变得更加鲜艳。由于加热时会让柠檬汁的香气和酸味挥发，因此为了弥补这部分味道，要保留一半柠檬汁在酱料加热之后再加入。

草莓酱

草莓酱又酸又甜，红色很正，是冬季茶饮品的首选酱料。把草莓做成草莓酱，可以让草莓的风味更加突出和鲜明。

使用范例 > P75、134、151、178

材料　草莓果泥（不加糖）200 克、细砂糖 150 克、柠檬汁 10 克

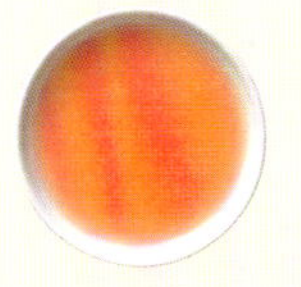

桃子酱

由于桃子很容易变色，因此做成果泥的话可以让它的淡粉色得以保留。桃子酱适合于各种饮品的改良。

使用范例 > P83、85、104、195

材料　白桃果泥 200 克、细砂糖 150 克、柠檬汁 10 克

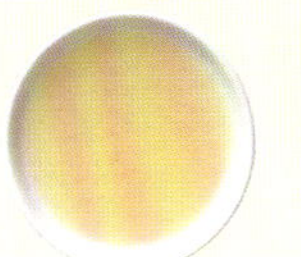

荔枝酱

具有醇厚的芳香和浓烈的甜味。由于是白色的，因此适合添加到各种饮品中，和各类花香浓郁的茶搭配起来格外合适。

使用范例 > P103、194

材料　荔枝果泥 200 克、细砂糖 150 克、柠檬汁 10 克

树莓酱

酸甜可口，红色宜人。有一些茶饮品香气比较薄弱，此时就可以用树莓酱进行调和。

使用范例 > P163、175

材料　树莓果泥 200 克、细砂糖 150 克、柠檬汁 10 克

百香果酱

百香果在南方产的水果之中属于很酸的，但具有浓厚的香气。和各类果味浓郁的茶饮品搭配起来，可以更进一步享受芳香。

使用范例 > P84、114

材料　百香果果泥 200 克、细砂糖 150 克、柠檬汁 10 克

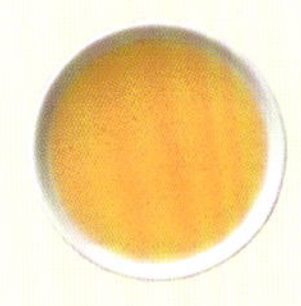

洋梨酱

洋梨的香气和甜味都很强烈。新鲜的洋梨很容易变色，所以把它做成酱料再使用于茶饮品之中是更加方便的。

使用范例 > P101

材料　洋梨果泥 200 克、细砂糖 150 克、柠檬汁 10 克

青苹果酱

青苹果酱酸味十足，清香幽雅。是很适合搭配各类果味浓郁茶饮品的果酱。

使用范例 > P109

材料　青苹果果泥 200 克、细砂糖 150 克、柠檬汁 15 克

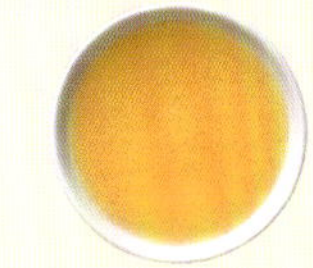

西柚酱

使用西柚制成的酱料，具有轻微的苦味和酸味，甜味十足，颜色是清淡的粉色。和甜度较高的果茶相结合，口味上可以取得良好的平衡。

使用范例 > P94、111

材料　西柚果泥 200 克、细砂糖 150 克、柠檬汁 15 克

☞ 使用新鲜水果的糖浆的基本制作方法

①把水果去皮去核去籽，切成适合挤压式榨汁机（P60）的大小。使用挤压式榨汁机将水果榨汁，果汁不需要过滤（图①）。

②把步骤①中的果汁和细砂糖、一半分量的柠檬汁（和P37同样是为了着色）一同放入锅中，使用中火加热，不要烧开，观察细砂糖全部溶解后关火（图②）。

③在仍未冷却时加入剩余的一半柠檬汁，倒入碗中，放在冰上使其迅速冷却，把表面的浮沫过滤掉。

*根据水果不同，制作流程也会有细微差异，需要注意。

图为西瓜酱的制作。

使用基本方法制作的新鲜水果果酱和糖浆

无花果酱

无花果酱只有淡淡的甜味，没有酸味和其他特殊的味道，和未发酵的茶或红茶非常相配。

使用范例 > P93

材料 无花果（榨取后的果汁）200克、细砂糖150克、柠檬汁10克

八朔糖浆

清爽的酸甜味道略带一点点苦涩，适合为茶饮品的口味调整平衡。

使用范例 > P92、113

材料 八朔[1]（榨取后的果汁）200克、细砂糖150克、柠檬汁20克

柿子酱

黏度很高的水果，汁液浓稠而甜美。由于本身并没有什么很强烈的气味，因此和各种各样的茶都很搭。

使用范例 > P95

材料 柿子（榨取后的果汁）200克、细砂糖150克、柠檬汁10克

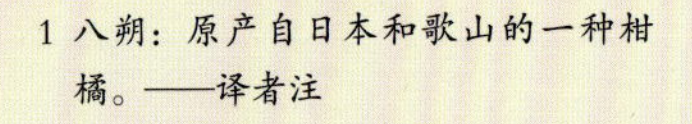

1 八朔：原产自日本和歌山的一种柑橘。——译者注

石榴糖浆

石榴的甜味很清淡，香味清新而华贵。由于可食用的部分很少，因此制作成糖浆更容易使用，当作顶料来用也很方便。

使用范例 > P35、97

材料 石榴*（榨取后的果汁）100克、细砂糖50克、柠檬汁10克

*石榴去皮之后直接放入榨汁机即可。

凤梨酱

凤梨具有酸甜口味和独特的芳醇香味，做成果酱非常合适。

使用范例 > P115、133

材料 凤梨（榨取后的果汁）200克、细砂糖150克、柠檬汁10克

【备忘】

凤梨中含有一种叫菠萝蛋白酶的酶，它可以分解蛋白质，把它加到奶制品里，会产生具有苦味的肽，所以它和奶制品的相性很差，在搭配时需要特别注意。

制作方法各不相同的酱料、糖浆

西瓜酱

西瓜籽很多，口感细腻，所以做成酱料的话更方便使用，还不会破坏它本身的味道。

使用范例 > P98、118、131

材料 西瓜（榨取后的果汁）200 克、细砂糖 120 克、柠檬汁 20 克

制作方法

① 把西瓜的籽剃干净，切成合适的大小，使用挤压式榨汁机榨汁。

② 把步骤①中的西瓜汁和细砂糖还有一半柠檬汁放入锅中，小火煮沸，蒸发至原有的三分之一分量。

③ 关火，在冷却前加入剩余的柠檬汁，倒入碗中，放在冰上使其迅速冷却，撇除浮沫。

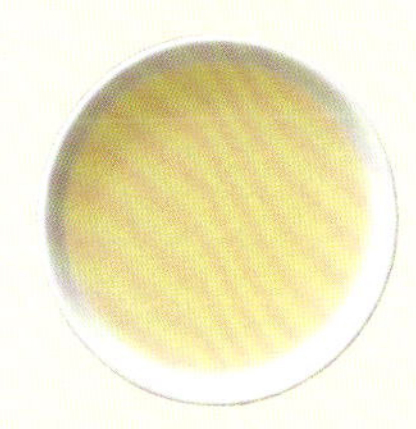

柠檬酱

使用柠檬汁制作的果酱，口味酸甜，有为茶饮品增加酸度的功能，非常重要。由于柠檬的果肉上有一层薄膜，果汁不容易析出，因此制成果酱会更容易使用。

使用范例 > P82、85、87、98、100、105、107、173、175、183

材料 柠檬（榨取后的果汁）100 克、细砂糖 100 克

制作方法

① 柠檬去皮，使用挤压式榨汁机榨汁并进行过滤。

② 把步骤①中的柠檬汁和细砂糖一同放入锅中，使用中火加热，不要烧开，观察细砂糖全部溶解后关火。

③ 把果酱放入碗中，放在冰上使其迅速冷却，去除表面浮沫。

芒果酱

芒果黏度很高，而且糖度也很高，拿来做果泥类的茶饮品，可以为茶饮品增加合适的黏稠度。

使用范例 > P82、117、129

材料 芒果（榨取后的果汁）200 克、细砂糖 80 克、青柠汁 *20 克

制作方法

① 芒果去皮放入容器，倒入一半青柠汁，使用搅拌器搅拌均匀。

② 把步骤①中的果汁和细砂糖放入锅中，使用中火加热，不要烧开，观察细砂糖全部溶解后关火。

③ 倒入剩余的青柠汁，把果酱放入碗中，放在冰上使其迅速冷却。

* 青柠切成两半，使用柠檬挤压器压榨，再用滤网过滤。

【备忘】选择细砂糖的分量

◉ **很酸的水果：** 细砂糖的分量要和水果的分量基本相同。

◉ **不怎么酸的水果：** 细砂糖的分量要有水果分量的一半。

◉ **很甜的水果：** 细砂糖的分量有水果分量的四分之一就可以了。

根据水果的品种、成熟度、收获的日期不同，需要添加的糖的分量也会有所改变。如果想要对制作的酱料和糖浆的甜度进行标准化，可以使用糖度计来测量。不过由于相同水果在每个季节都有它自己的特点，因此让糖浆的甜度各不相同其实会更好。

还有这样的糖浆

梅子糖浆

使用腌渍青梅制作的糖浆，具有酸甜的口味，和水果搭配起来很合适。

使用范例 > P88

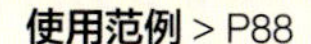

4 茶饮品的构成部分 顶料

顾名思义，顶料就是加在饮品最上层的配料。顶料大体分为两种：一种是会和茶饮品融为一体的顶料，另一种是为茶饮品增添特殊口感的顶料。为茶饮品选择顶料，可以让茶饮品外观更加华丽，味道也更有特色。

加入顶料的目的是装饰茶饮品和增添茶饮品的口感。通过顶料与茶饮品其他部分的结合，饮用者可以享受口味的变化。一边吃顶料，一边喝茶汤的完美组合，使得顶料慢慢成为茶饮品中不可或缺的一部分。

● 和茶饮品融为一体的顶料

这类顶料包括各种奶油和奶沫，比如鲜奶油、普通奶沫等，它们可以与茶饮品混合到一起后再饮用，茶饮品会因为它们而产生新的风味。近年来，通过使用奶酪奶沫和慕斯等配料，诞生了一种主打奶沫风味的茶饮品，很受欢迎，并且有各种不同的口味。由于奶酪奶沫中使用的奶酪是经过发酵制成的，因此与同样经过发酵的茶很相配。

慕斯可以制成各种口味的气泡或奶沫，它们很容易与饮品的香气和味道达成良好的平衡。慕斯在烹饪界已经是一种常用的食材了，根据使用方式的不同，可以让茶饮品的味道和外观产生各种各样的变化。

除了这些，还有一种顶料，可以在顾客面前呈现表演元素。比如茶饮品正上方缭绕的烟雾、在茶饮品上方爆开的充满调味香料的气泡等。这些顶料可以让人大饱眼福，获得很多味觉层面之外的满足。

● 为茶饮品增添特殊口感的顶料

另一类顶料可以为茶饮品增添特殊的口感，比如木薯珍珠。茶饮品早已不仅仅是用来“喝”的，可以边喝边吸食茶饮品内食材的“甜食饮品”。

已经发扬光大，成了单独的一个饮品分类，其中的代表就是珍珠奶茶。最早的木薯珍珠是用三温糖等糖浆腌制的，但现在也诞生了使用黑糖糖浆腌制的黑糖珍珠等不同的木薯珍珠种类。木薯珍珠本身也诞生了很多衍生品，比如芋圆。

水果也可以作为顶料使用。椰果是椰肉发酵而来的食品，历史悠久，香气单纯清淡，搭配各种果茶都很容易，所以最近又再次进入了公众视野。把水果切成适合吸管的大小，加入茶饮品的话，在用吸管喝的时候可以享受特殊的口感。作为顶料使用的水果没有什么特殊的限制，切成能够用吸管吸上来的大小也可以，切成大块直接放进杯子里也可以（需要搭配提供叉子或者长柄勺子）。

此外，还诞生了混合型饮品。通过使茶饮品和其他食品进行混合，使得购买饮品的顾客可以边吃边喝。比如茶饮品和刨冰就是一种混合型饮品的组合。在喝的时候，既可以喝底下的茶，也可以吃上面的刨冰，如果把它们两者混合在一起，更是可以变化成其他不同的味道。这种饮品和雪顶咖啡或奶油泡泡水很像。如果往茶饮品里添加冰激凌的话，会变得太甜，但添加刨冰的话就会让口味变得很清爽，看起来也会更有吸引力。除这些顶料之外，栗子泥和紫薯泥之类的食材也可以做成蒙布朗式的茶饮品，口感浓厚而美味。

【奶油】

鲜奶油

将鲜奶油作为饮品的顶料使用时，要把奶油打到 9 分发。此时的奶油比较硬，可以像冰激凌一样从袋里挤出来，用挖球勺来处理它，可以让它保持圆形。鲜奶油还可以用来改变茶饮品的味道：把它和饮品充分混合的话，可以让饮品喝起来更富有奶味。

使用范例 > P121、149、153、156、157、163

材料（成品约 220 克） 生奶油（乳脂含量 42%）200 克、细砂糖 20 克

制作方法

① 把生奶油和细砂糖在碗中混合，把碗放在冰上使其迅速冷却，用电动或手动打发器搅拌，要注意不要让奶油内混进空气。

② 用搅拌器将其挑起，打发的奶油应该是 9 分发，有能够在搅拌器上立起来（如图）的硬度。

使用期限 冷藏保存 24 小时。

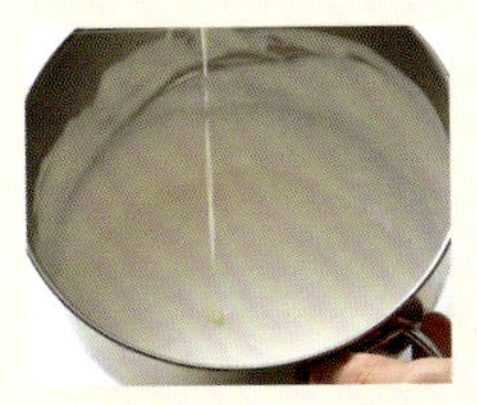

普通奶沫

使用生奶油和细砂糖这些简单的材料就可以制作的奶沫，根据生奶油乳脂含量的不同，奶沫的口味也会产生变化：生奶油的乳脂含量高的话，奶沫的口味就会厚重；生奶油的乳脂含量低的话，奶沫的口味就会变得爽滑。使用普通奶沫，可以做出各种不同的特殊奶沫。

使用范例 > P69、143、147

材料（成品约 220 克） 生奶油（乳脂含量 42%）200 克、细砂糖 20 克

制作方法

① 把生奶油和细砂糖在碗中混合，把碗放在冰上使其迅速冷却，用电动或手动打发器搅拌，要注意不要让奶油内混进空气。

② 将生奶油搅拌至一定稠度：将其倒出容器时会缓缓流下，此时是 5 分发（如左上图）；在奶油缓缓流下时会在碗中留下痕迹，稍过一会痕迹会消失，此时是 6 分发（如左下图）。让奶油保持在这两个稠度之间就可以了。

使用期限 冷藏保存 24 小时，后边的几种奶沫也都一样。

咸奶沫

向奶沫中添加口味醇厚的玫瑰盐，为奶沫增添矿物感。在茶饮品中使用咸奶沫，可以引出饮品的甜味。

使用范例 > P151、176

材料（成品约 50 克） 普通奶沫 50 克、玫瑰盐（粉末）1 克

开心果奶油奶沫

向普通奶沫中混合浓厚口感的开心果奶油，是一种口味奢华的奶沫。

使用范例 > P155

材料（成品约 350 克） 普通奶沫 300 克、开心果酱（P44）50 克

咸奶沫和开心果奶油奶沫的制作方法一样

制作方法

把所有材料放入容器中充分混合。

奶酪奶沫

向普通奶沫中加入奶油奶酪酱，可以做成奶味十足的奶酪奶沫。和奶茶自然是非常搭配，和水果也有很高契合度。

使用范例 > P82、98、109、112、145、150、161、167

材料（成品约 480 克） 奶油奶酪 100 克、细砂糖 20 克、玫瑰盐（粉末）2 克、牛奶 100 克、炼乳 20 克、普通奶沫 240 克

戈贡佐拉奶酪奶沫

向奶酪奶沫中加入戈贡佐拉奶酪，使得奶沫的味道更富有层次，口感更加浓厚。

使用范例 > P165

材料（成品约 480 克） 戈贡佐拉奶酪 50 克、奶油奶酪 50 克、细砂糖 20 克、玫瑰盐（粉末）2 克、牛奶 100 克、炼乳 20 克、普通奶沫 240 克

奶酪奶沫和戈贡佐拉奶酪奶沫的制作方法相同

制作方法

①把奶油奶酪放在常温下使其变软（制作戈贡佐拉奶酪奶沫时，把戈贡佐拉奶酪也一起放在常温处），把细砂糖和玫瑰盐一并放入碗中，使用橡胶抹刀将奶酪、细砂糖和盐充分混合。

②把牛奶和炼乳混合，缓缓加入步骤①中，使用手动搅拌棒搅拌。

③向步骤②加入普通奶沫，搅拌均匀。

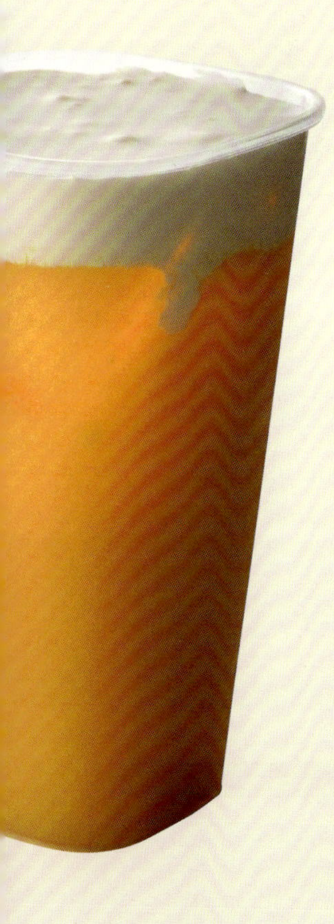

卡仕达奶沫

卡仕达奶沫通过向奶沫之中加入英式蛋奶酱制成，味道十分浓郁。如果把它和牛奶或巧克力搭配在一起，吃起来会像甜点一样。

使用范例 > P159

材料（成品约 150 克） 英式蛋奶酱 50 克（蛋黄 2 个、牛奶 200 克、细砂糖 40 克、香草 1/3 根或 50 克）、普通奶沫 100 克

制作方法

①制作英式蛋奶酱。将香草豆荚劈开并取出种子，把种子、豆荚和牛奶一起放入锅中，加热至接近沸腾。

②把蛋黄和细砂糖倒入碗中，混合均匀至白色糊状，把步骤①中的英式蛋奶酱缓缓倒入碗里。

③把步骤②转移到锅中，使用小火加热，用铲子不断搅拌以防止煳锅，直到蛋黄煮熟并变稠（80～83℃）。

④过滤，转移回碗里，把碗放到冰上冷却，英式蛋黄酱就完成了。

⑤把英式蛋黄酱和普通奶沫放在一起，充分混合。

【慕斯】

所有慕斯都是同样的制作方法

制作方法
① 将所需材料全部放入慕斯瓶（P61）中，并把瓶盖拧紧（图①）。
② 打开压缩气罐上的阀门，把橡胶管插入慕斯瓶的进气口，向瓶内充满气体。由于橡胶管和气罐是连通的，在使用时务必小心（图②）。
③ 充气的声音停止后，把橡胶管移除，关闭气罐阀门。
④ 上下摇动慕斯瓶。
⑤ 拉动扳手，把慕斯喷到杯子里（图③）。
保质期限 冷藏可以保存 24 小时，以下所有慕斯都相同。

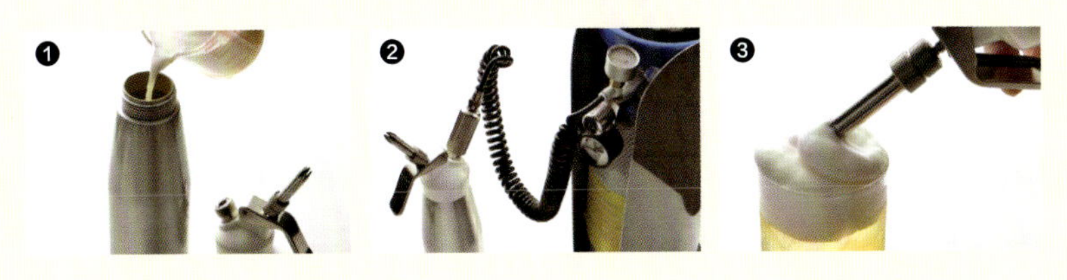

慕斯可以组合各种不同的食材，让饮品呈现更丰富的效果

柠檬慕斯

柠檬慕斯可以让甜腻的水果变得清爽。即使是大杯的饮品，在加入慕斯之后，也可以一直舒服得喝到最后。

使用范例 > P101、106

材料（成品约 360 克） 水 200 克、柠檬汁 100 克、细砂糖 40 克、慕斯泡沫 20 克

柚子慕斯

黄色柚子具有浓郁的香气，口味微甜，制成的慕斯与花香型茶汤搭配良好。

使用范例 > P182

材料（成品约 400 克） 水 200 克、柚子汁 100 克、细砂糖 80 克、慕斯泡沫 20 克

生姜慕斯

由辛辣且带有浓郁芳香的生姜糖浆制成的慕斯，建议搭配以柠檬为主的饮品。

使用范例 > P183

材料（成品约 320 克） 水 200 克、生姜糖浆（P36）100 克、慕斯泡沫 20 克

【备忘】与饮品融为一体的高科技顶料

有一些特殊的顶料，通过现场表演的形式来为饮品增添了附加价值，让饮品显得更加特殊。在饮品顶端制造烟雾就属于这样的手法。

◉ 调味气泡・木桶威士忌

使用烟枪熏制木桶威士忌，把熏出的烟雾关进气泡之中。气泡掉落到饮品表面会炸开，烟雾会炸出来，气味也会跟着炸出来，观赏性很高。

◉ 樱花烟雾

使用烟枪熏制樱花花瓣，把熏出的烟雾直接打入饮品之中，让饮品充满烟雾的味道。把杯盖打开，烟雾就会喷涌而出。

【馅料类】

黑芝麻酱

把黑芝麻粉碎，用湿磨机研磨半天以上制成的馅料，入口像融化般细腻。

使用范例 > P149

材料 黑芝麻适量

制作方法

①把黑芝麻放入电动研磨机，磨成粉末。

②启动湿磨机，倒入步骤①中的粉末，搅拌至完全柔软。

保质期 冷藏可以保存大约一周。

开心果酱

把开心果粉碎，用湿磨机研磨半天以上制成的馅料，入口像融化般细腻。

使用案例 > P163

材料（成品约 80 克） 开心果 100 克、水 300 克

制作方法

①向锅内加入三倍于开心果的水，烧开（图①）。

②把开心果倒入锅中，轻轻搅拌，煮大约 15 秒，关火，把开心果倒入过滤的容器，沥干。

③把开心果铺开在案板上，稍微降温。

④剥去开心果内层的薄皮，放入食品烘干机，用 40℃的温度进行干燥，把开心果的水分蒸发干净（自然风干亦可）（图②）。

⑤把开心果放入电动研磨机，磨成粉末（图③）。

⑥启动湿磨机，倒入步骤⑤中的粉末，搅拌至完全柔软（图④）。

保质期 冷藏可以保存大约一周。

烤红薯馅（P165）
紫薯馅（P167）
栗子蒙布朗馅（P153）
黑芝麻沙蓉（P149）

关于馅料类顶料

把芝麻或坚果馅料溶于茶汤之中，可以让茶汤获得浓厚丰富的口味。由于这些馅料密度很大，如果混合不够充分，它们是很难完全融进茶汤中的。红薯这类食材也可以做馅料，它们做成的馅料融进饮品中，可以让口味获得很大的变化：饮品会变得像甜品一样，而且看起来也会更加华贵。

【备忘】适合制作混合型饮品的顶料

混合型饮品可以同时享受吃喝两种乐趣。栗子和紫薯制成的馅料可以做成蒙布朗风格的饮品，新诞生的雪花冰作为顶料也十分受人瞩目。雪花冰是使用特殊的刨冰机（P61）刨出的软绵绵的冰块，看起来像雪一样，口感也是十分纤细。本书中介绍了西瓜和甜橙（P141、142）两种雪花冰。

果冻在冷藏下均可保存 2~3 天

柚子果冻

新鲜柚子汁加上满满果肉制成的果冻。琼脂凝固得恰到好处，吞咽的过程会十分舒适。

使用范例 > P94

材料（成品约 1400 克） 柚子（榨取后的果汁）*400 克、琼脂粉 7 克、水 360 克、细砂糖 360 克、柚子（果肉）400 克（大约 1 个柚子）

制作方法

① 把琼脂粉和水加入锅中，使用木铲搅拌混合，用中火加热。烧开后，转为小火，使其安静沸腾约 2 分钟。

② 在另一口锅里把柚子果汁（如果制作柠檬果冻的话，就用柠檬汁）和细砂糖混合，使用中火加热至 30~40℃。

③ 把步骤②加入步骤①中，把容器放入冰水中，用橡胶铲搅拌并使其冷却。

④ 待液体变得黏稠，倒入柚子果肉（如果制作柠檬果冻就什么也不加），将其缓缓倒入浸湿的容器之中，待冷却至常温后，放入冰箱冷藏至凝固。

*把柚子剥皮后切成合适的大小，放入挤压式榨汁机（P60）进行压榨，获得需要的果汁。

图中为第④步时果冻的形态。

柠檬果冻

使用柠檬汁制成的酸味果冻，略带嚼劲的口感可以让饮品有更多的吸引力。

使用范例 > P105

材料（成品约 600 克） 琼脂粉 4 克、水 400 克、柠檬汁 150 克、细砂糖 150 克

制作方法

制作方法和柚子果冻相同，在柠檬果冻凝固之后，可以用叉子把果冻分成小块来使用。

【备忘】水果和果冻凝固之间的关系

酸味很强的柑橘类水果和果胶含量丰富的水果在制作果冻时，果冻会更难凝固。因此，直接使用琼脂会比使用琼脂粉更便于调整硬度。果冻以能用吸管吸上来的硬度为佳。

抹茶寒天

具有和抹茶一样的浓厚风味，由于苦味很强烈，和甜味的饮品比较搭。

使用范例 > P67

材料（成品约 450 克） 琼脂粉 3 克、水 150 克、牛奶 200 克、炼乳 100 克、抹茶酱（P33）50 克

制作方法

① 把琼脂粉和水加入锅中，使用木铲搅拌混合，用中火加热。烧开后，转为小火，使其安静沸腾约 2 分钟。

② 在另一口锅里把牛奶、炼乳和抹茶酱混合，使用中火加热至 30～40℃（图①）。

③ 把步骤②加入步骤①中，把容器放入冰水中，用橡胶铲搅拌并使其冷却。

④ 待液体变得黏稠，将其缓缓倒入浸湿的容器之中，待冷却至常温后，放入冰箱冷藏至凝固。

⑤ 用勺子盛起来使用（图②）。

牛奶布丁

入口即化，奶香四溢的布丁。

使用范例 > P156

材料（成品约 480 克） 明胶粉 9 克、水 18 克、牛奶 400 克、细砂糖 40 克、炼乳 40 克

杏仁豆腐

杏仁霜香气怡人（使用了杏仁粉），入口即化。和饮品搭配起来可以引出更深层次的口味，使得饮品的香气更加鲜明。

使用范例 > P181

材料（成品约 500 克） 细砂糖 50 克*、杏仁霜 30 克*、水 60 克、明胶粉 5 克、牛奶 300 克、生奶油（乳脂含量 42%）100 克

*细砂糖和杏仁霜在开始制作之前就可以在碗中混合均匀。

牛奶布丁和杏仁豆腐的制作方法相同

制作方法

① 把明胶粉放入水中搅拌均匀，静置 5 分钟。一定要把明胶粉倒入水中，如果是反过来把水倒入明胶粉的话，就会结块。

② 把牛奶、细砂糖和炼乳（如果是制作杏仁豆腐，就是把混合均匀的细砂糖和杏仁霜、牛奶、生奶油）倒入锅中，使用中火加热溶解。由于牛奶烧开会变味，因此不要使其沸腾。

③ 关火，加入步骤①中的液体，继续搅拌均匀，使明胶进一步溶解。

④ 在水变温后把步骤③的液体倒入容器中，冷却后放入冰箱，使其凝固。

樱花果冻

淡粉色的樱花风味果冻。由于使用了冰粉，樱花独特的纤细香气更加被凸显，很适合春季特饮中使用。

使用范例 > P151

材料（成品约 550 克） 冰粉*（粉末）8 克、细砂糖 20 克、草莓酱（P37）50 克、樱花糖浆 150 克、水 400 克

制作方法

① 把冰粉和细砂糖事先混合在一起。

② 把步骤①和所有剩余材料加入锅中，使用中火加热。

③ 烧开后关火，把碗放到冰水中，把锅中的东西倒入碗里，用塑胶铲子搅动混合，使其冷却。

④ 待液体变得黏稠，将其缓缓倒入浸湿的容器之中，待冷却至常温后，放入冰箱冷藏至凝固。

*以海藻为原料的果冻粉。

【备忘】明胶、琼脂、冰粉：凝固剂的种类和区别

◉ 明胶

和琼脂比起来，在口中更容易融化，但也有一定黏性和弹力，适合拿来制作柔软又有一定弹性的食物。明胶能够贮存气泡，所以成品会十分蓬松。推荐用来制作布丁、慕斯或巴伐利亚奶油。

关于使用量

明胶粉占全部液体质量的 2%~2.5% 是比较合适的。液体的温度控制在 50~60℃时，效果最好。

◉ 琼脂

和明胶比起来，凝固力更强，水分更少，所以会更有嚼劲。无需提前浸泡或静置，所以使用起来更省时间。

关于使用量

想要做得软一点的时候

琼脂粉 1 克：液体 150 克

想要做得硬一点的时候

琼脂粉 1 克：液体 125 克

◉ 冰粉

和明胶、琼脂比起来，制作出来的成品更加透明，所以可以把其他食材的颜色更好地展现出来。口感处于明胶和琼脂之间，在室温下不容易化掉。由于没有任何气味和味道，可以直接和任何食材搭配在一起。

关于使用量

冰粉占全体液体质量的 1%~2%，需要使用 90℃以上的热水溶解。

【木薯珍珠类】

木薯珍珠分为生、半生、干燥等不同种类，根据制作厂商的不同，需要煮的时间也不同。虽然木薯珍珠加热后会更软糯，但在日本，珍珠奶茶类的饮品做成冷饮会更受欢迎。这是因为冷饮可以体会到用吸管吸食木薯珍珠的乐趣，所以珍珠变得硬一点也没有办法。如果想要让木薯珍珠维持柔软，就要把它保存在 50~60℃的糖浆之中。木薯珍珠的保质期也需要注意，基本上不管是哪种木薯珍珠，在煮熟之后，它的保质期都只有 6 小时。煮木薯珍珠，使用专用的珍珠煲（P60）是最好的，但普通的锅也可以煮。

三温糖珍珠

焦糖为珍珠上了一层金色，如果把它泡在三温糖糖浆或者水果糖浆之中，可以使其保持金色。

使用范例 > P65、160

材料（成品约 720 克） 木薯珍珠（生珍珠・金色）400 克、热水 1200 克、三温糖 120 克

黑糖珍珠

使用黑糖将木薯珍珠腌制入味，是传统的木薯珍珠。煮熟之后，如果在珍珠上盖上一层黑糖，会使其香味更加浓郁，制成香气十足的木薯珍珠。

使用范例 > P69、150

材料（成品约 720 克） 木薯珍珠（生珍珠・黑色）400 克、热水 1200 克、黑糖 120 克

使用珍珠煲来烹饪木薯珍珠的方法：本书的珍珠都使用本方法制作

制作方法

① 向珍珠煲内加入 3 倍于木薯珍珠的热水，开机。

② 待水开后开盖，把常温的木薯珍珠放进去轻轻搅拌，再次把盖子盖上，再次开机（图①）。

③ 热水再次沸腾后，把盖子打开，轻轻搅拌后把盖子盖上，使用珍珠煲的自动功能（图②）。

④ 把做好的珍珠 * 倒入过滤的容器中，沥干水分，倒回锅里，加入三温糖 *（如果制作的是黑糖珍珠就加入黑糖），搅拌均匀，让糖盖过珍珠（图③）。

保质期 制作完成后约 6 小时，需要在 50～60℃的环境下保存。

* 珍珠做好后，会比煮之前膨胀 50%。

* 三温糖或黑糖的使用量，以煮之前木薯珍珠质量的 30% 为佳。

芋圆（紫薯味、红薯味）

把红薯混到木薯淀粉中制作的芋圆，具有淡淡的红薯味道，和蜂蜜搭配在一起食用，甜味会获得良好的平衡性。如果是紫薯芋圆，会和牛奶比较搭，放在饮品中看起来也会更好看。图示为紫薯芋圆。

使用范例 > P165、167

材料（成品约 430 克） 紫薯芋圆（生芋圆，解冻）300 克、水 1500 克、三温糖 60 克

【木薯珍珠类】

制作方法

① 将锅中放入 5 倍于芋圆的水，使用大火烧开。

② 维持大火，倒入芋圆，轻轻搅动，直到芋圆 * 漂起（图①）。

③ 转为小火，煮 5 分钟（图②）。

④ 沥干水分，加入三温糖 *，盖过芋圆表面。

保质期 煮熟后大约可以保存 6 小时，需要保存于 50～60℃的环境。

* 芋圆在水煮之后会膨胀至煮前的 1.25 倍大小。

* 三温糖的分量以水煮前芋圆重量的 30% 为最佳。

【备忘】各种各样的口感

除木薯珍珠之外，还有很多为饮品带来特殊口感的顶料，通常来说这些都是成品。

◉ 椰果

使用醋酸菌发酵的椰果，是一种纤维食品。口感独特，和水果搭配有多种多样的可能性。

使用范例 > P88、119

◉ 糯米丸

由于使用糯米粉制成，嚼起来软糯且有弹性。和浓稠且甜度高的饮品相性不错。

使用范例 > P149、157

◉ 求肥

同样使用糯米粉制成。与糯米丸的区别在于，求肥使用了精糯米制成的糯米粉，然后在制作过程中加入了砂糖和淀粉糖浆，口感更加柔软。

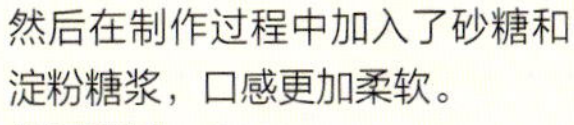

使用范例 > P159

朗姆酒葡萄干

【其他】

把朗姆酒里的酒精成分蒸发，用其腌渍而成的葡萄干。不能摄入酒精的人也可以吃。

使用范例 > P155

材料（成品约 500 克） 朗姆酒 600 克、细砂糖 200 克、葡萄干 400 克

制作方法

① 把朗姆酒倒入锅内，使用中火煮沸，待总量减少到三分之一，此时酒精基本蒸发。

② 向锅内加入和步骤①等量的细砂糖，待其溶解充分后关火，冷却至常温。

③ 向沸腾的水中加入葡萄干，煮 20 秒左右，沥干水分。

④ 把步骤③的葡萄干放入食品烘干机，使用 40℃的温度进行干燥（也可以自然风干）。

⑤ 把步骤②和步骤④中的材料一起放进密封容器之中，在阴冷处放置一天以上，即可食用。

保质期 冷藏可以保存一周左右。

烤苹果
P192
培根吸管
P196

如何平衡香气、味道、口感

在构思茶饮品时，最重要的要素就是香气和味道。最近的大趋势是向饮品中添加水果，至于那些甜品式饮品，茶饮店通常会向其中增添口感独特的食材。

● 最重要的就是“香气”

香气是人类五感之中唯一一种可以直接影响大脑皮层的，不仅更容易留下印象，甚至还可以带来各种各样的功效。美味的饮品搭配着香气，会让饮者对味道也有更深的印象。在工作的间隙喝茶饮品，可以放松心情，缓解压力，集中注意力，提高工作效率。茶饮品不仅好喝，还可以有更多作用。

正因如此，想要让茶饮品变得更加美味，灵活运用茶汤的香气是一种行之有效的手段。虽然香气具有高挥发性，但如果是冷饮的话，香气会变弱。在这种情况下，如果想要让香气更加明显，可以在制作的过程中加入更多会散发香气的要素，这样一来，在喝的时候就会更容易感受到香气。如果是热饮，那么香气挥发得就会更明显，也就更容易被饮者感受到，不仅可以温暖身体，还可以放松精神。

● 味道是控制平衡的灵魂

味道的重要程度仅次于香气，对于味道而言，有甜味、咸味、酸味、苦味和鲜味五种元素，可以构成一张五味图，每种味道都会扼杀与之处于对立位置的另一种味道。制作料理的时候，通常会向其中加入调和的三种味道，这样料理才会美味。

饮品也是同样的。茶汤自身是具有甜味和苦味两种味道的，需要考虑它们二者，再加以适量的其他味道，以达成平衡。其他味道的多少是控制饮品整体味道的关键，最理想的情况是能让饮者在全部喝完的时候还能够感受到饮品的美味，这样的味道平衡是最好的。如果其他味道加得太少，那么整体就会寡淡，饮者无法满足。如果加入太多又会让饮品齁得慌，在整杯饮品喝完之前就已经烦了。这样就是没有很好地做到味觉的平衡。

● 口感可以增添饮用时的乐趣

独特的口感可以为饮品锦上添花，通过咀嚼可以感受到食材的形状和硬度，让饮品的味道更进一步加强。可以带来糯质口感的食材，如木薯珍珠、求肥等；带来柔软口感的食材，如芒果、桃子等；带来脆爽口感的食材，如苹果、梨子等；带来坚硬口感的食材，如焦糖、坚果、芝麻等，多种多样。

茶饮品本身是液体，基本上能改变的只有茶汤的浓度，但通过加入不同的顶料，可以为饮品增添各种不同的口感，来为饮品锦上添花，带来更多乐趣。至今为止的顶料通常都切成可以用吸管吸上来的大小，但目前有商家设计了外带用的杯子，附带叉子或小勺，所以顶料的大小也灵活了起来。

通过咀嚼，可以使得人脑获得活性，同时还有和香气同样的作用：集中注意力、放松身心、缓解压力等。饮用茶饮品本身就有很多对人体有益的功效，加上咀嚼这一要素后，各种功效更是可以发挥更大能量。

理想状态下的平衡：灵活运用香气、平衡各种味道、突出食材口感

灵活运用香气

在茶饮品中最为重要的要素就是香气。
由于香气具有很强的挥发性，要把它作为饮品的主心骨来进行考量。

◉冷饮

由于冷饮中很难挥发，所以香气会相对更弱。
要在制作过程中加入更多会散发香气的要素，饮者会更容易感受到香气。

例）

◉木瓜桃子冰沙
> P85
制作过程中添加的香气要素：柠檬（片）

◉茉香柑橘洋梨
> P101
制作过程中添加的香气要素：柠檬皮

◉蜂蜜柠檬薄荷茶
> P107
制作过程中添加的香气要素：薄荷叶（鲜）

◉热饮

香气挥发得更明显，更容易被饮者感受到。
不仅可以温暖身体，还可以放松精神。

平衡各种味道

茶汤自身是有甜味和苦味两种味道。
需要考虑它们二者，再加以适量的其他味道，以达成平衡。

处于相反位置的味道会互相抵消。
（⟷）
处于相邻位置的味道，如果对其中不重要的一种稍加补充，可以让另一种主要的味道更加显著。
（——）

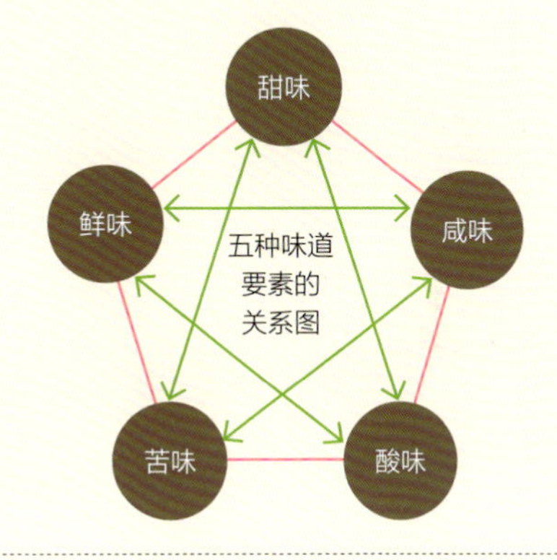

例）
- 对于苦味很强的可可而言，如果加入甜味要素，那么就会缓和苦味，会更容易入口。
- 往西瓜（甜味、酸味）撒一点盐（咸味），可以把西瓜的甜味和酸味强调出来。

突出食材口感

向液体的茶饮品中加入固体的顶料，可以让饮品的味道发生变化，让饮者获得更多乐趣。通过咀嚼可以感受到食材的形状和硬度，让饮品的味道更进一步加强。

例）

◉焦糖奶茶
> P145
口感：碎开心果和碎杏仁的坚硬感

◉汁粉玄米茶拿铁
> P159
口感：求肥的软糯感、玄米的颗粒感

◉黑糖珍珠奶茶
> P69
口感：黑糖珍珠的软糯感、砂糖的细碎感

制作茶饮品的基本思路

茶饮品基本的制作方法都是先向杯中加入冰块，然后从密度低的材料开始依次将材料注入杯中。在相同体积之下，糖分含量更高的液体拥有更大的重量，因此会向下沉，也就是说它有更高的密度。关于注入顺序，也有一些不同的情况。比如说，如果想要制作分两层的饮品，那么就要先把糖分含量高的液体（密度更大）先注入杯中。先注入密度低的液体的话，饮品会更容易混合均匀，所以关于注入的顺序，也要考虑到材料的密度来灵活应对。如果液体的密度相近，那么通常会先注入茶底。

比水密度小的食材会浮于液体表面。盐水、油分、泡沫（慕斯等）、热水中蒸发的水分等，都会漂浮在饮品的最上层。除此之外，蒸馏酒或是糖分含量极少或没有糖分的酒类（比如红酒）也会浮在饮品表面。

如果想要制作漂浮饮品，为了使漂浮的部分不至于崩塌，毁坏造型，要把冰块最先放进杯子里，最上层漂浮的部分最后再放。如果漂浮的部分密度比下层饮品小，那么就很容易浮在表面上；如果漂浮的部分和下层饮品密度相当，那么就要向下层饮品加入更多糖分，使其密度变大，让漂浮部分更容易浮于表面。密度相当的情况下，可以使用碎冰块代替冰块，完成的饮品看起来会更加好看。

鲜奶油和奶沫属于生奶油，具有较高乳脂含量，比较容易负载饮品表面上，所以在用作顶料时，可以比较容易地保持所需的形状。只不过，如果太过于注重形状而把它们做得太硬的话，就会比较难以混入饮品之中，饮品也有可能因此变得不好喝，一定要注意。与漂浮效果相反，利用密度也可以做一些下沉饮品，如果先于冰块把想要制作下沉效果的食材放入杯中，可以做出华丽的效果。

如图所示的抹茶拿铁就是一种有简单漂浮效果的饮品。向杯中放入冰块（图①），注入牛奶（图②），最后把抹茶酱放在饮品表面（图③、图④）。如果把抹茶酱直接倒进牛奶的话，抹茶酱会和牛奶混合在一起，漂浮效果就不会那么明显。所以要尽量小心地把抹茶酱放在冰上，使其自身缓缓渗入牛奶。

【备忘】制作茶饮品的本质

◉ 制作饮品的术语

- 漂浮：使一部分食材浮于饮品最上层。例）白奶茶（P65）、乌龙奶茶（P66）、焙茶奶茶（P71）等。
- 下沉：使一部分食材沉于饮品最底层。例）芒果百香绿茶（P84）、柚子果冻茶（P94）、白桃樱花茶（P151）等。

◉ 热饮的温度

比人类体温高25℃的饮料，喝起来是最舒服的。根据季节和喜好不同，上下可以有5℃左右的浮动。整体来说，让热饮的温度维持在60～65℃是比较合适的。

如何确定一杯茶的分量

一杯茶饮品中含有各种各样的材料，根据材料不同，它们的计量单位也多种多样，有克、毫升、立方厘米等。由于标准不统一会使用大量的计量工具，所以本书中全部统一使用克作为计量单位。

在制作方法中，很多情况下需要先把冰块加入杯中，是因为冰融化后会变为液体，成为饮品的一部分。根据冰块的不同，需要向杯中加入的饮品分量也会产生区别。我们把冰块大致分为以下四种：①方形冰块（冰盒里冻出来的大小）、②制冰机制成的冰块、③碎冰、④一整块符合杯子大小的冰（使用球形冰盒制出的球形冰块等）。根据①②③④的顺序，需要加入杯中的饮品分量会有从多到少的不同。

就算使用相同种类和分量的冰块，倒入同样分量的饮料后，液体高度看起来也会有微妙的差异。这是因为冰块的形状不一样。就算是使用冰盒冻出的冰块，刚刚取出后和经过一段时间融化的形状也会有所区别。根据冰块的种类不同，茶底和配料也需要做出一些细微的调整。根据冰块产生的差异，饮品的口味也会有一些变化。

● 精美的水位线

对于一杯茶饮品的完成品来说，水位线以从杯缘向下一指的宽度（约 1 厘米）为最佳（图①）。如果把杯子装得十分满，那不仅看起来不好看，而且会有溢出的危险。只有一种情况例外，就是使用奶沫做饮品顶料的情况。由于奶沫具有一定黏性，而且基本要搅拌均匀后再饮用，所以在使用奶沫时可能会把杯子填满。

在制作饮品时，需要把液体注入杯缘向下一指宽的位置，杯中内容物的一半都是冰块。根据杯子形状不同，就算杯子的容量一样，所需的液体分量也会有所区别（图②）。杯子和舌头接触的角度决定了饮品带来的第一印象，因此在注入饮品时，需要考虑让饮品接触舌头的最小角度，也就是说把饮品注入杯缘下方一指宽的位置是最好的。

● 随杯子不同而变化的感受

杯子的选择也很重要。根据杯子的材质和杯壁的薄厚不同，饮者对饮品味道的感受会产生区别。杯壁薄的话就会产生锐利感，杯壁厚的话就会产生圆滑感。高的杯子会给人以清爽感，适合水果丰富的饮品；矮的杯子会给人以厚重感，适合甜味浓厚的饮品。

杯口宽的杯子可以让饮品的香气更容易散发，杯口窄的杯子可以让味道和香气一口气流入嘴中，给人以冲击感。像酒杯一样的锥形玻璃杯，很容易将香气关在里面。因为这种杯子拥有较大直径，可以使得饮品的味道在口中蔓延开，突出浓郁的鲜味。此外，倒入这种玻璃杯时，液体的颜色会看起来更加浓郁。

【图①】杯缘向下一指宽（约 1 厘米）的位置，是茶饮品通常情况下的水位线。

【图②】两个杯子的容量相同，但如果分别向其中倒入液体至杯缘向下一指宽（约 1 厘米）的位置时，杯口宽的杯子（左）由于空出来的空间更多，所以倒入的总液体量更少。直上直下的杯子（右）可以装入更多的液体。

茶饮品的外观设计和装饰的技术

饮品不同于菜肴或甜点，看起来十分朴实。通过对其装饰顶料，可以使饮品更为奢华，还可以增加香气和甜味，让饮品上升到更高层次。

传统的装饰技术之一是将柑橘类水果切成圆形的薄片来使用，这样的手法不仅可以让饮品变得更加好看，由此手法增添的使饮品更加美味的成分也很重要。比如说，柠檬汁通常会用柠檬片来做装饰，这样不仅会让柠檬汁看起来更好看，还会为柠檬汁增添一点点苦味。如果只考虑饮品的外观而不去考虑饮品的整体概念，那么饮品的味道平衡就会失调。饮品的装饰材料，最好选用和饮品内容物相同的食材。

如果想要在饮品的味道上做文章，就要让味道完全渗入到液体之中去。其中一种方法是将柑橘类水果切成薄片，贴在杯子内壁上，这样一来不仅柑橘的味道可以渗入液体中，饮品看起来也比较好看。这么做的诀窍是要把水果切得很薄，因为厚片不容易贴在杯子上；还需要用厨房纸巾把水果上的水分擦拭一下，如果水分太多的话水果也会难以贴在杯壁上。

如果需要向饮品内添加木薯珍珠或者大小正好的水果这类可以用吸管吸食的食材，有三种添加方法：在放冰块之前放入；和冰块混合放入；所有其他材料都放完了最后放入。

鲜奶油这种放在饮品最上层的顶料，在很多款饮品中都会用到。在放置这类顶料时，需要考虑到杯子的形状，来把它做成最合适的样子。当然，根据打发的硬度不同，使用的方法也多种多样。

如果是在店内饮用的饮品，那把水果切成圆圈装饰在杯子上是最普遍的做法，但这种方法不适合外带杯这种有盖子和薄膜的杯子。装饰在杯缘上的水果通常会被客人拿来吃掉，所以它带有一点“中场休息”的要素，就是说饮者喝了一段时间后，可以通过食用水果来调整一下状态再继续饮用。就像这样，要考虑水果的形状和食用的方法，把它们融入饮品的设计中去。

外观设计和装饰可以让茶饮品上升到一个不同的维度。色香味俱全会让料理更好吃，饮品亦然，好看的外形会让饮品变得更加美味。不过一些外观设计涉及复杂的工艺，这时要注意饮品的新鲜程度。

【在注入过程中下功夫】

分层

让饮品分为肉眼可区分的不同层。例图为向冷牛奶中倒入温热的茉莉花茶，使其分层。想要制作分层效果的话，需要先加入冷液体再加入温热液体，先加入密度大的液体再加入密度小的液体，先加入水分再加入油分。虽然本书中的例子里没有，不过也有后放密度大的液体的情况。

制作范例 > P66、67、71、73、84、104、114 等

酱料冰沙装饰

把具有黏度的酱料放入杯子内，快速倒入同样具有黏度的饮品，每一杯形成的图案都会有所区别。和分层的情况不同，这种做法做出的饮品看起来会更有跃动感。例图是向酱料中倒入冰沙。

制作范例 > P133

使用冰块设计外观

将碎冰和水果交替放入杯中，可以让水果分层固定住。如果放置平整，可以让水果层次分明，看起来非常惹眼。为了固定水果需要使用细碎的冰块。例图之中使用了一分为二的水果，看起来也很好看。

制作范例 > P97、119、126 等

【备忘】关于冰

本书使用了块冰（左）和碎冰（右）两种冰，使用哪一种要看具体的饮品。虽然块冰使用频率更高，但很多夏季特饮中碎冰也常见。如果顶料是可以用吸管吸食的类型的话，碎冰会和顶料一起被吸入口中，这时不可以使用碎冰。另外，使用碎冰时，由于容器内冰量相对使用块冰时会增多，所以液体含量会相应降低。

【有效利用容器内壁】

黑糖装饰

黑糖珍珠由于包裹着大量黑糖，所以会析出有黏度的液体。把珍珠装入杯子后使其在杯子内壁来回转动，可以在杯壁上留下这些液体的印记。这种印记在加入冰和其他液体之后也不会被冲掉，适合作为饮品的装饰。黑糖珍珠之外的深色高黏度液体都可以这么做，但三温糖珍珠由于和牛奶颜色相近，在加入饮品之后不容易看出。

制作范例 > P68

酱料装饰

把具有黏度的酱料涂抹在杯壁内侧，黏稠的酱料会在杯子上留下印记，向杯内加入冰和液体之后，酱料可以留作装饰用。例图为草莓酱，但只要是黏稠的酱料都可以做到这一点。

制作范例 > P75

使用香料的装饰

如果只是把香料撒在杯子里，香料只会掉到杯底。但如果先涂抹上黏稠的酱料再放入香料，香料会粘在杯壁上，即使加入冰和液体之后，也会在杯壁上留下特殊的纹路。不管是从味道还是视觉角度而言，都是锦上添花的方法。

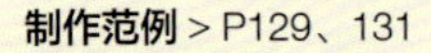

制作范例 > P129、131

在杯壁贴水果片

向饮品中添加水果薄片的话，不仅会增添饮品的味道，看起来也会更加好看。厚切的水果片很难贴在杯壁上，所以要切成薄片。另外，切口向外渗果汁的话也会增加贴在杯壁上的难度，所以要先用厨房纸巾擦拭一下，增加水果薄片的黏度之后再贴。

制作范例 > P92、113

【有效利用容器内壁】

曲奇和奶油装饰

如果想让饮品的外观看起来更加夸张，或者想让饮品看起来像巧克力夹心曲奇一样，可以把曲奇饼干混在奶沫里涂在杯壁内侧。如果直接把饼干混入液体，饮品的味道会过于浓厚，但如果只是涂在杯壁内侧的话就不会。不要涂得十分整齐，杂乱地涂抹会让饮品外观看起来更有跃动感，也会看起来更美味。

制作范例 > P147

【在完成过程中添加】

在顶层放置奶沫

在饮料的水位线上方放置奶沫或鲜奶油可以让饮品看起来更加华丽，味道也会产生变化。奶沫需要从杯子侧边，沿着杯壁转圈注入，最后停止在杯子中央区域。如果是从中央向边缘转圈注入的话，侧边的液体会上升，就没有办法制作出好看的分层效果了。如果杯子没有盖子的话，还可以在奶沫的上方继续添加顶料。

制作范例 > P82、98、100、109、112、143、145、150、151、155、159、165、167

使用盐进行装饰

在杯缘涂上盐粒也是一种装饰手段。在调制酒的世界有一种盐系鸡尾酒，在茶饮品之中也可以加以应用。先在杯缘涂上柠檬汁，为杯子增加黏度，然后再涂上盐粒就可以粘在杯子上了。如果是刚切好的柠檬，水分会太足，会让盐溶化，所以可以用厨房纸巾擦拭一下再使用。

制作范例 > P194

基本工具

本节将介绍本书中制作茶饮品会用到的基本工具。
泡茶除使用茶壶和锅之外，还有这些便利工具可以用。

A 奶罐
可以把牛奶放在里面，直接在火上加热，加热后倒入咖啡或红茶。除此之外，在制作奶沫、牛奶保温、制作拉花图案等场合也会用到。本书中，蝶豆花奶茶（P77）的制作中使用到了本工具。

B 摇酒器
混合液体或冷却液体时使用的工具。把液体和冰一起放进去以后进行摇动，可以使罐内的空气也溶入液体之中，使得液体降温。如果把水果和冰放进去摇动的话，可以同时把冰和水果都弄碎，获得混合液体。

C 量杯
制作饮品的时候用来测量材料的体积。水和茶大概 1 毫升 =1 克，所以就算是使用量杯也可以用克作为计量单位。

D 挤压器
可以榨取柠檬（小号挤压器）、橙子（大号挤压器）这类柑橘类水果的果汁。只需要少量果汁或者是接单后才开始制作饮品的那种店铺的话，使用挤压器会很方便。

E 焙茶炉
可以煎制焙茶的茶器。如果把焙茶再度焙烤的话，茶香会更加突出，泡制的茶汤也会更美味。把手的反方向有一个小洞，可以把焙茶从洞里取出。

F 电子秤
本书所有食材的计量单位都是克，所以电子秤作为称量食材重量的工具非常重要。无论是精度达到小数点后几位的电子秤，还是能称量几千克的电子秤，都可以拿来使用。

G 漏斗

向小口径容器注入液体或粉末时可以使用的工具，在转移糖浆时更是不可或缺。

H 箅子

把茶汤从茶壶中倒出来的时候，使用箅子可以过滤掉茶叶。如果要把茶汤一杯杯分开倒入杯中，那么箅子必不可少。

I 奶油打发器

打发奶油时使用的工具。根据用途不同，还有各种不同的型号，可以选择着使用。

J 用于木薯珍珠的漏勺

珍珠需要泡在糖浆里腌渍，这种漏勺用来把珍珠上的糖浆沥掉。也有很多种不同的型号，可以根据杯子的大小和珍珠的多少来选择合适的型号。

K 长柄勺

用于混合饮料和通过搅拌冰块冷却杯子的工具。勺子另一侧的叉子可以用来将水果等食材扎起来放入杯中，而不用直接接触到水果，使用方便。

L 挖球器

把奶油打到九分发左右，放在饮品最上层时，可以使用挖球器来放置，拿来放冰激凌自然也是没有问题。没有办法准确称重，但可以把饮品装饰得漂亮。

M 塑料杵

用于捣碎柔软的水果果肉和薄荷叶等食材，少量的完整水果和药草也可以用它来捣碎。

N 削皮刀（直刀、锯齿刀）

刀刃分为笔直刀刃和锯齿状刀刃两种，后者可以针对奇异果或桃子这类柔软的水果削皮。根据食材的软硬不同，削皮的方法和刀片的种类都需要做出调整。

O 塑胶锅铲

混合、翻炒、挤压、沥干等操作都可以用到这种锅铲，非常万用。而且具有耐热性，在制作需要高温的食物时也可以使用。

用于制作饮品的电器

← **挤压式榨汁机**
使用低温低压压榨方式进行榨取，可以让水果和蔬菜在不流失营养的前提下榨成果汁。商用款自带大容量储存罐，一次可以榨取大量果汁，保存方便。使用方法参见 P38。

↑ **电木薯珍珠煲**
用来把生木薯珍珠煮熟或蒸熟的电热煲，可以自由设置运行时间。把木薯珍珠放进去之后，所有操作都由它来自动完成，比起传统方式来说，制作木薯珍珠会变得简单很多。和电饭煲一样，可以对锅内的东西进行保温。

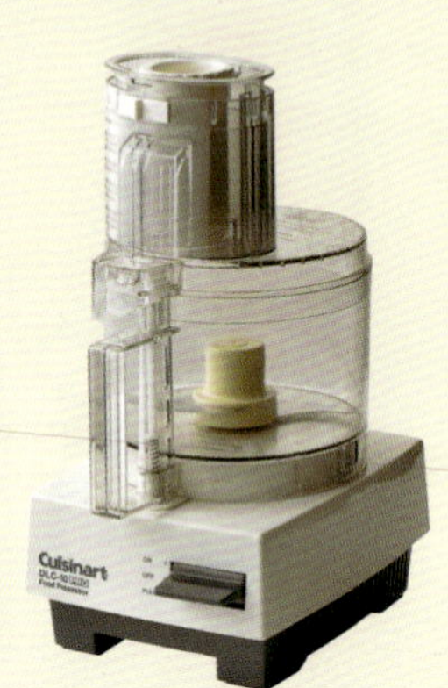

→ **食品加工机**
可以把食材细细切割，制成糊状，是准备制作阶段使用的器具。和电动搅拌机不同，固体的食材也可以用它来打碎。

← **电动研磨机**
在启动后，机器中的刀刃会高速旋转，把食材磨成粉末，对于坚硬的食材来说，使用这种机器进行处理是尤其便利的。本书在制作开心果酱的时候使用到了电动研磨机。

↑ **湿磨机**
用来精炼作为巧克力原料的可可豆的机械。由于这类食材需要长时间精炼，所以处理方式和其他研磨机有比较大的区别。本书在制作黑芝麻酱和开心果酱的时候使用到了湿磨机。

电器在茶饮品制作中的重要性

顾客下单之后，如果 5 分钟之内没有办法做好，那对于主要经营外带业务的茶饮品店来说，就可能收到投诉。但是，如果使用半成品来制作奶茶的话，就会和其他店铺的味道相似，没有办法招徕顾客。对于茶饮品店来说，独创性和制作速度是最为重要的。为了做到这一点，电器是不可或缺的。

选择制作饮品所用到的电器时，要充分考虑到它的质量，这样才能够和其他店铺做出差距。除此之外，电器还可以把保存期限短或容易产生流失的食材加工成可以长时间保存的形态，所以从经济层面考量，这也是一项必需的开支。

制作饮品可以使用的电器越多，可以提供的饮品种类就越多。另外，由于一些制作上的刚需，部分茶饮品必须在短时间内做好。所以如果把茶饮品用作商业用途，那么电器就更加重要了。

用于制作饮品的电器

↑**茶饮搅拌机**

附带可以装果泥、奶沫、茶叶的容器，是茶饮店专用的搅拌机。只需要把茶包、热水和奶粉放入容器里，打开开关，就可以做成奶茶。在饮品准备不充分或是客人点了没什么人点的菜单时，会经常用到它。

↑**氮气壶**

使用氮气壶可以在饮品中做出纤细的泡沫，是制作氮气冷萃型饮品的专用壶，使用时需要搭配氮气罐。气罐周围两米之内都要注意防火，而且绝对不可以拿到室外使用，在储存时需要特别注意。使用方法参照 P173。

↑**迷你烟熏炉**

可以简单增添熏香的小炉子，根据饮品不同，也可以选择使用不同的木材进行熏制，还能为饮品添加表演元素。使用方法参照 P109、P191。

↑**搅拌机**

用来搅拌和粉碎食材的机器。如果是高级型号，那可能还会具备加热或冷却的功能。可以在保证蔬果新鲜的前提下对它们进行处理，但在选择购买时要考虑到想要制作的饮品种类。

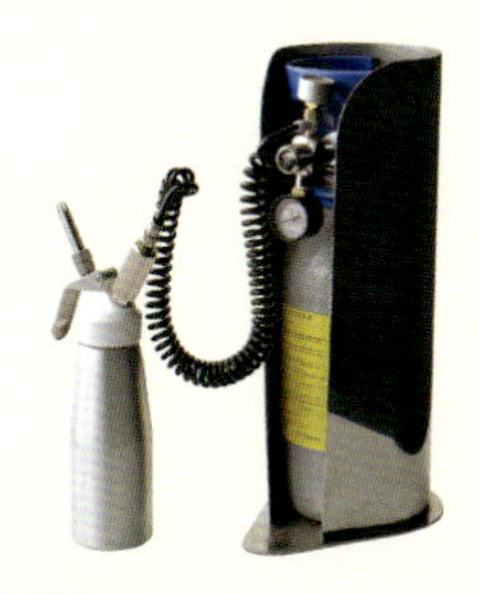

↑**慕斯瓶**

把食材和凝固剂放入容器中，再接上一氧化二氮就可以做成空气一样轻盈的泡沫。需要接气体罐，使用时需要注意。使用方法参照 P43。

↑**瓦斯喷枪**

使用高温火焰把食材快速炙烤的喷枪，在细砂糖等糖类上使用的话，可以在短时间内迅速做出焦糖。由于炙烤速度很快，可以在饮品本身的状态发生变化之前就做好一切处理。使用方法参照 P69、P121。

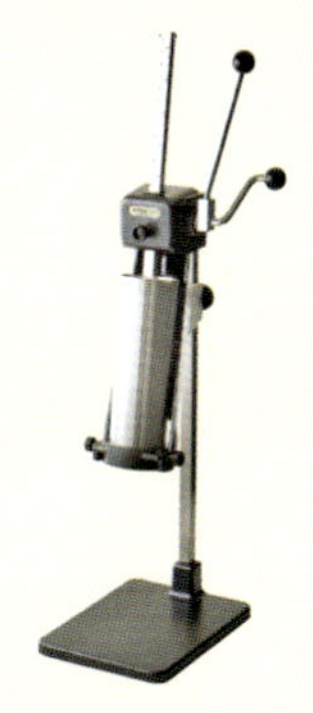

↑**蒙布朗裱花罐**

可以把坚硬的馅料做成蒙布朗那样细条纹形状的工具，对于栗子和红薯这类食材也同样可以简单操作。在顾客面前进行装饰的话，可以呈现出表演元素。

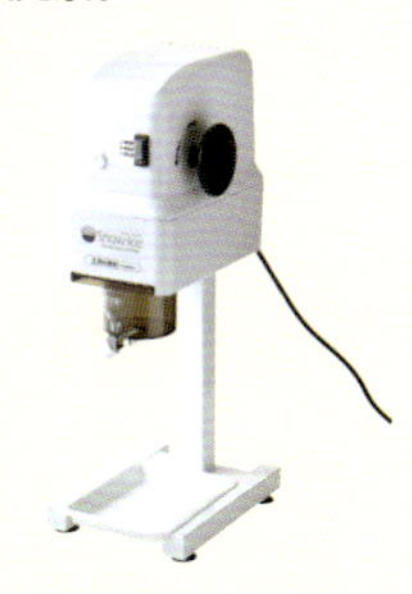

↑**雪花冰刨冰机**

可以做成分量合适的软绵绵雪花冰的机器，在夏季限定的饮品上放上雪花冰，可以营造出饮品的特殊感。

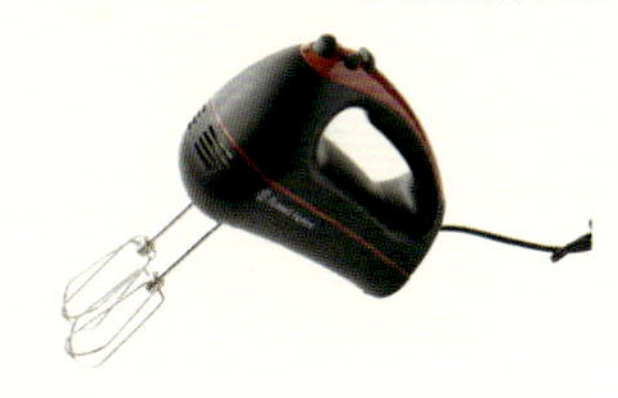

↑**手持电动打发器**

可以用来打发奶油、制作酥皮、混合液体，可以省去大量手工劳作的时间，非常好用。

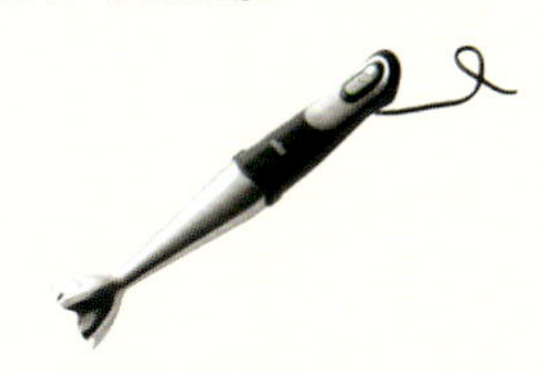

↑**手持电动搅拌机**

手持型号的小搅拌机，可以对食材进行混合、搅碎、雕刻、打发，可以说是同时兼备打发器和食物处理机的功能。本书在制作抹茶酱和巧克力酱等场合使用到它。

Chapter

2

奶茶

奶茶是什么

奶茶就是把茶汤和牛奶、豆奶或杏仁奶等奶类制品混合制成的饮品。古时的欧亚大陆游牧民会把从中国获得的茶叶加入家畜的奶水之中饮用，因此而逐渐形成了一种饮食习惯。英国早年间的人们有在药用茶汤中加入牛奶饮用的习惯，而后在贸易中，他们获得了茶叶，所以慢慢以普通茶汤代替了药草茶汤，也就慢慢发展成了现在我们所谓的奶茶。红茶中含有单宁酸，单宁酸会和人的唾液中含有的少量蛋白质结合产生沉淀，变成具有涩味的物质，有些人会觉得不太喜欢，而且这种沉淀会进入消化系统，对蛋白质的消化有一定妨害作用。因此，如果在红茶中加入含有丰富蛋白质的牛奶，可以使这类物质直接沉淀在杯中，在喝的时候对身体更好。

由于茶汤含有苦味，加入奶制品后可以增添甜味，对茶汤的口味进行平衡，使饮者更多感觉到香气。

英国和中国等地区都会喝甜口的奶茶，在正餐中糖分较少的地区，会在饮品或餐后甜点中平衡糖分的摄入。在日本，不向奶茶中添加糖分直接引用的情况是大多数，但根据地域不同，奶茶中的糖分也会有所增减。

奶茶是从古至今，而且在未来也还会受到广大群众喜爱的饮品。

茉莉花茶 × 牛奶 × 三温糖

白奶茶

比起普通的奶茶，颜色更加洁白，由此得名。
放入口中可以感受到茉莉花茶的花香，惊喜十足，三温糖珍珠更是让口味和口感都更加美妙。

冷 ☑

热

材料（一杯量）

三温糖珍珠（P48）80 克
冰 适量
牛奶 75 克
茉莉花茶（P27 冷饮）100 克

制作方法

1 把三温糖珍珠和冰加入杯中，注入牛奶。
2 向步骤 1 注入茉莉花茶，制作出漂浮效果。

【制作热饮时】

把珍珠放入杯中，注入热茶汤和 63℃的热牛奶。
如果使用冷饮茶汤制作热饮的话，就把茶汤和牛奶一起进行加热。

【备忘】

对牛奶进行加热的话，牛奶含有的钙质和蛋白质会变性。同时，蛋白质等物质会因为加热而产生臭味，会损害风味，所以将牛奶热到 63℃是比较合适的。

冷 ☑

热 ☑

乌龙奶茶

牛奶混合味道与绿茶相近的冻顶乌龙茶，回味清淡爽口，喝起来会给人轻松的感觉。白色的茶体散发着清香，无论是看起来还是闻起来都使人心旷神怡。

材料（一杯量）

水 80 克
冻顶乌龙茶（茶叶）3 克
冰 适量
牛奶 120 克

制作方法

1. 把水烧至沸腾，然后冷却至 85℃左右。
2. 把茶叶放到茶壶中，加入步骤 1 中的水，泡 1 分钟左右。
3. 把冰放入杯子里，倒入牛奶，把步骤 2 中的茶汤倒到牛奶表面。

【制作热饮时】

把牛奶加热至63℃，倒入杯子里，加入步骤2中的茶汤。如果想使用已经做好的冷饮茶汤，就把茶汤和牛奶一起加热。

抹茶 × 牛奶

抹茶牛奶

冷 ☑

热 ☑

具有浓厚苦味的抹茶寒天，搭配抹茶酱和牛奶，可以制作出三层分层的效果，看起来十分好看。混合后饮用时，抹茶寒天带来的吞咽感令人欲罢不能。

材料（一杯量）

抹茶寒天（P46）80 克
冰 适量
牛奶 80 克
抹茶酱（P33）20 克

制作方法

1 向杯中依次加入抹茶寒天和冰，注入牛奶。
2 把抹茶酱放在最上层。

【制作热饮时】

把除抹茶寒天和抹茶酱以外的材料加热，注入杯中。

冻顶乌龙茶 × 牛奶 × 黑糖

黑糖珍珠奶茶

以冻顶乌龙茶作为茶底的清爽奶茶。黑糖的浓厚甜味和柔软的奶沫调和平衡。焦糖的苦味和珍珠的口感让奶茶喝起来更具风味。

材料（一杯量）

黑糖珍珠（P48）80 克
冰 适量
冻顶乌龙茶（P22 冷饮）60 克
牛奶 80 克
普通奶沫（P41）50 克
黑糖 少许

制作方法

1 把黑糖珍珠放入杯中，转动杯子，在杯壁上制作出糖浆效果（P56）。
2 加入冰，注入茶汤和牛奶，把奶沫放在杯子最上层。
3 在奶沫表面放置黑糖，使用瓦斯喷枪烤成焦糖（如图）。

【制作热饮时】

向杯中加入黑糖珍珠，把热茶汤和 63℃的牛奶注入杯中。接下来的步骤和冷饮相同。
如果想使用已经做好的冷饮茶汤，就把茶汤和牛奶一起加热。

冷 ☑
热 ☑

焙茶 × 牛奶

焙茶奶茶

香气四溢的焙茶颜色清淡，但入口却拥有不负牛奶的余味。
为了让香味更加突出，可以将焙茶煎后再使用。使用高温热汤泡制茶汤的话，可以让焙茶的味道更加明显。

冷 ☑
热 ☑

材料（一杯量）

焙茶（茶叶）3 克
水 90 克
冰 适量
牛奶 120 克

制作方法

1 煎焙茶的茶叶。把茶叶投入焙茶炉中，使用小火加热，轻轻摇动茶炉（如图）。等到香气被煎出来，茶叶变成想要的颜色后，关火。
2 把刚接的水烧开。
3 向茶器中加入步骤 1 中的茶叶，注入步骤 2 中的水，盖上盖子闷 1 分钟。
4 向杯中加入冰，注入牛奶。
5 把步骤 4 的牛奶和冰注入步骤 3 中茶汤上层，做出漂浮效果。

【制作热饮时】

把牛奶加热到 63℃，把焙茶茶汤（P25 热饮）注入。
如果想使用已经做好的冷饮茶汤，就把茶汤和牛奶一起加热。

冷 ☑

热 ☐

大豆的甜味和玄米的清香融合到一起，产生层次丰富的柔和口味。
苦味很少，咖啡因含量低，是具有和风风味的奶茶。

材料（一杯量）

水 90 克
玄米茶（茶叶）3 克
冰 适量
豆奶 120 克

制作方法

1 把刚接的水烧开。
2 把茶叶放入茶器，注入步骤 1 的水，盖上盖子闷 1 分钟。
3 把冰放入杯中，注入步骤 2 的茶汤和豆奶。

冷 ☑

热 □

将通常使用的牛奶换成豆奶，会产生奇妙的味道。重点在于要选择口味不那么突出的豆奶。
根据大吉岭采摘的时期不同，口味也会有所变化，可以充分享受。

材料（一杯量）

水 90克
大吉岭红茶（茶叶）3克
冰 适量
豆奶 120克

制作方法

1 把刚接的水烧开，冷却到95℃左右。
2 把茶叶放入茶器，注入步骤1的水，盖上盖子闷3分钟。
3 把冰放入杯子，注入牛奶。
4 把步骤2的茶汤置于步骤3的牛奶的顶层，做出漂浮效果。

金萱乌龙茶 × 牛奶 × 草莓

草莓奶茶

草莓和牛奶是一种固定组合，再加上作为茶底的金萱乌龙茶，可以做成清爽的奶茶。
把草莓酱涂抹于杯壁内侧，和牛奶搭配起来可以获得鲜丽的视觉效果。

冷 ☑
热 ☐

材料（一杯量）

金萱乌龙茶（茶叶）3 克
水 90 克
奶粉 30 克
草莓酱（P37）50 克
冰 适量

制作方法

1 把茶叶塞入茶包。
2 把刚接的水烧开，冷却到 95℃左右。
3 把步骤 1 的茶包和步骤 2 的水放入茶饮搅拌机，搅拌 2 分钟（图①、图②）后，加入奶粉（图③）。
4 把草莓酱涂于杯壁（P56），放入冰块，注入步骤 3 的液体。

【备忘】
使用水果等材料制作的酱料具有酸味，在和牛奶混合后，酸会与牛奶发生反应凝固。正因如此，此处使用了奶粉代替鲜奶。

金萱乌龙茶 × 杏仁奶

杏仁金萱奶茶

杏仁奶低热低糖，具有坚果独特的香气和鲜味。和风味浓厚的金萱乌龙茶组合起来，会变成香味丰富、味道清爽的奶茶。

冷 ☑

热 ☑

材料（一杯量）

水 60 克

金萱乌龙茶（茶叶）2 克

冰 适量

杏仁奶 90 克

制作方法

1 把刚接的水烧开，冷却到 85℃左右。

2 把茶叶放入茶器之中，注入步骤 1 的水，盖上盖子闷 1 分钟。

3 把冰放到杯子里，注入步骤 2 的茶汤和杏仁奶。

【制作热饮时】

把茶汤（P22 热饮）放入杯子里，开火加热杏仁奶，烧至将近沸腾后，将杏仁奶注入杯中。

如果想要使用做好的冷饮茶汤，就把茶汤和杏仁奶一起加热。

蝶豆花 × 椰奶

蝶豆花奶茶

在泰国的咖啡厅，蝶豆花是一种常用的草药，具有鲜亮的蓝色。活用这种颜色，把它做成奶茶，浅蓝色和白色交相辉映，十分好看。

冷 ☑

热 ☑

材料（一杯量）

姜汁 5 克
水 30 克
蝶豆花茶（粉末）3 克
椰奶 140 克
柠檬汁 5 克
龙舌兰糖浆 10 克

制作方法

1 使用压蒜器将姜压成泥，塞进茶包里用力挤压，得到所需分量的汁液。这样处理生姜的话，获得的汁液会比较澄澈。

2 把蝶豆花放入茶器，把刚接的水烧开，倒入茶器，冲开蝶豆花。

3 把椰奶、步骤 1 中的姜汁、柠檬汁加入奶锅之中进行加热（如果使用蒸汽机制作，可以做出椰奶沫）。

4 在杯中加入步骤 2 中的茶汤和龙舌兰糖浆，轻轻搅拌混合，注入步骤 3 中的混合物。

【制作冷饮时】

把蝶豆花加入容器中，使用开水冲开，加入其他所有材料充分混合均匀后，注入放好冰块的杯子中。

总结

设计茶饮品的思路

在设计茶饮品的时候首先要想象一下成品是什么样的。作为设计法则，可以考虑一下“想要出售的茶饮品”“容易卖的茶饮品”“展示的茶饮品”。设计的饮品要满足这些法则的其中之一。

“容易卖的茶饮品”指的是那些传统的菜单，可以稳定地售卖，为店铺带来固定的营业额。“想要出售的茶饮品”指的是店铺的特色菜单或想要推广的菜单。“展示的茶饮品”指的是看起来很吸引人的菜单，可以让顾客对店铺产生兴趣从而招徕顾客。设计饮品的时候要考虑，设计出的饮品满足这三种法则的哪一种。

●“容易卖”“想要卖”“想展示”的要点

“容易卖的茶饮品”是传统菜单，这类饮品通常很朴素简单，可以考虑使用一年四季都可以购入且价格稳定的食材，来决定这类饮品整体的走向。所以在设计这类饮品时，最好要把它们做成不管哪个季节都能够有良好平衡性的饮品。本书中的奶茶就属于这种饮品。

“想要出售的茶饮品”和“展示的茶饮品”则会大量使用季节性食材。

如果使用当季的食材或者高级食材制作茶饮品的话，茶饮品想必会更受欢迎。“想要出售的茶饮品”通常是店铺主推的饮品，不同于那些传统菜单，要带有店铺的特色，定价也不能太贵，如果比其他店铺的菜单价格高太多的话，就没有人来买了。除此之外，饮品的命名也很重要，如果名字太晦涩难懂，那么顾客就很难产生购买欲。

黑糖珍珠奶茶就属于一种“展示用的茶饮品”。珍珠奶茶的风潮是从社交网络开始卷起的，所以在设计这类饮品时不仅要考虑味道等方面，还要考虑饮品拍照时的效果，要适合于顾客“晒图”。这类饮品的外观是最为重要的，要让顾客看了以后就产生购买欲望。在设计外观时，要考虑怎样的外形才能为顾客带来视觉冲击，比如大量加入水果，或者像做甜品那样，在顶层放置大量奶油。这些都是行之有效的手段。

在设计菜单时，要考虑清楚设计的饮品符合哪类需求，然后从完成品的想象开始逆向推导，这样才能做出好喝又好看的饮品。

●时令感与地域性

根据季节和地域不同，顾客所需的味道和营养成分也会有所区别。当然，根据时令水果不同，顾客所需的饮品也会产生变化。

在夏季和冬季，饮品会因为与菜肴、甜点搭配享用或单独享用而变化。夏天的时候，菜肴和甜点往往比较新鲜和清爽，所以喝一杯味道浓郁的饮品可以平衡饮食。如果是单独拿来饮用的话，味道浓郁的饮品会让人口渴，所以不如喝一杯酸甜清爽的饮品。如果是冬季，那就正好相反。本书中介绍的饮品大多是更适合单独饮用的。

根据地区不同，人们喜好的口味也会有所区别。寒冷地区的菜肴由于盐分含量高，口味比较重，所以人们倾向于爽口的饮品。炎热的地区则正好相反，菜肴口味清淡，所以人们倾向于浓厚的饮品。

盐分会让人体发热，糖分会让身体流汗，体温会一下子降低，人体就会变冷。所以寒冷地区的人们不喜欢太甜的食物，炎热地区的人们却喜欢。对于饮品来说，这一点也是一样的。糖分越多，饮品就会越甜，饮品的甜度不是指口味的“甜”，大多数时候指的是饮品中的含糖量。这是因为饮品的口味不仅有甜味，还有酸味、苦味这些要素。

炎热地区的人们虽然会由于盐分的摄入而让体温升高，但他们更需要注意的是因为出汗而造成的人体盐分流失。由于炎热地区的人们更容易流汗，所以盐分的补充反而更有必要。寒冷地区和炎热地区的人们所需的盐分和糖分是不同的。比如说，在炎热地区制作西瓜饮品，可以通过添加少量盐分来激发西瓜的口味，人们喝了以后会觉得很舒服；但在寒冷地区，由于人们平时食用的菜肴中就包含大量盐分，所以这样在饮品中添加盐分的做法就行不通。仔细想象要设计的饮品的功效，这样才能做好饮品整体的平衡。

饮品设计法则的总结

要先想象成品的样子，如果根据以下三条法则的其中之一来考虑的话，设计过程会更加顺利。

容易卖 | 传统的菜单，可以稳定取得营业额的饮品。

- 朴素简单的饮品。
- 食材的价格与进货渠道稳定。
- 不需要考虑季节就可以做到整体平衡的饮品是最理想的。
- 奶茶等饮品是最适合的。

想要卖 | 店铺的特色饮品，想要推广的饮品。

- 使用当季的食材或者高级食材会有很好的效果。
- 适合作为期间限定类饮品。
- 取名要简单易懂。
- 水果茶等饮品非常适合此类。

想展示 | 引起顾客的注意，外观具有特点的饮品。

- 适合拍照发在社交媒体上，具有美丽或视觉冲击力的外观。
- 比起命名，饮品外观更加重要。
- 适合作为期间限定类商品。
- 黑糖珍珠奶茶等饮品适合此类。

Chapter

3

果茶

果茶是什么

在过去，提起果茶，通常指的是把果汁和茶汤兑到一起的饮品。而现在制作的果茶，大多使用水果糖浆制成，同时会向茶汤中添加适合吸管吸取的小块果肉，获得了不小的改进。

在炎热的国家或地区，向茶汤中添加果泥或果沙制成的饮品非常流行。最近几年，也诞生了把大块水果直接放进茶汤的饮品，混合了“食用”和“饮用”两种要素，被称为“混合型饮品”，很受欢迎。

如果把三种味道组合在一起，人的舌头会感觉到美味（详细请见 P50—P51）。水果有甜味和酸味，茶汤有苦味，所以水果和茶汤之间具有良好的相性。水果有酸味很强的，有香气很弱的，种类繁多。比起向茶汤中添加很多种水果，不如使用果酱或水果糖浆来补足味道，让饮品整体达到平衡。

水果是很能带给人们季节感的食材，而且富含多种易被吸收的人体所需维生素，放进茶饮品中，有益于身心健康。另外，由于茶汤透明度很高，可以让水果的颜色看起来鲜活，充满魅力。

同时，水果的颜色也可以为茶汤单调的色泽加以点缀，让饮品整体看起来更为怡人。

茉莉花茶 × 芒果

茉香芒果果泥

甜味浓郁的芒果搭配茉莉花茶十分完美。使用冷冻的芒果可以做成果泥，在炎炎夏日饮用口味清爽。奶酪奶沫让整体口味更为浓郁。

冷 ☑

热 ☐

材料（一杯量）

芒果（冷冻）160 克
茉莉花茶（P27 冷饮）220 克
芒果酱（P39）50 克
柠檬酱（P39）10 克
奶酪奶沫（P42）50 克

制作方法

1 把芒果、茉莉花茶、芒果酱、柠檬酱都放进搅拌机，开机搅拌。

2 把步骤 1 的果泥倒入杯中，奶酪奶沫置于顶层（P57）。

白桃乌龙茶 × 百香果

百香白桃乌龙

微酸的百香果和甜味圆润的桃子搭配默契。
是融合了白桃乌龙茶宜人香气和百香果奇妙口感的饮品。

材料（一杯量）

百香果 1个
桃子酱（P37）30克
冰 适量
白桃乌龙茶（P26 冷饮）90克

制作方法

1 把百香果对半切，取出果肉。
2 把桃子酱和冰放进杯中，注入白桃乌龙茶，把百香果果肉置于最上层。

冷 ☑
热 □

玉露 × 芒果 × 百香果

芒果百香绿茶

玉露的苦味诱发出百香果的酸甜，再搭配上芒果的甘甜。
混合饮用时口味绝妙。淡绿色的玉露茶汤适合用黄色系的食材来搭配。

材料（一杯量）

芒果（5毫米直径小块）60克
百香果酱（P37）40克
冰 适量
玉露（P25 冷饮）120克

制作方法

依次向杯中放入芒果、百香果酱和冰，最后倒入玉露茶汤。

冷 ☑
热 □

白桃乌龙茶 × 木瓜 × 桃子

木瓜桃子冰沙

柠檬的酸味搭配甜味强烈的木瓜和桃子，引出更多水果的风味。
把冷冻的木瓜制成浓稠的果泥，可以让饮品具有更强的水果风味，清新爽口。

材料（一杯量）

木瓜（冷冻）80 克（约 1/4 个）
白桃乌龙茶（P26 冷饮）140 克
桃子酱（P37）40 克
柠檬酱（P39）10 克
柠檬（切片）1 片
冰 适量

制作方法

1 把木瓜、白桃乌龙茶、桃子酱、柠檬酱放入搅拌机，开机慢慢搅拌，使木瓜仍然能保持一部分原状。
2 把冰放入杯中，注入步骤1的果泥，装饰上柠檬片。

【备忘】

这里的冰沙是指使用冷冻的蔬菜或水果搅拌而成的饮品。冰沙又称作思慕雪，由于吃起来口感顺滑，所以是根据英文单词 smooth 而来的。

冷 ☑
热 □

蝶豆花 × 椰子 × 柠檬

椰香柠檬蝶豆花茶

蝶豆花带来的鲜艳蓝色十分吸引眼球，和椰子水的组合为口味带来美妙的平衡，非常爽口。加入柠檬酱后，不仅酸甜更进一步，观赏饮品从蓝变紫的过程更是惬意。

冷 ☑

热 ☐

材料（一杯量）

冰 适量
蝶豆花茶（P28 冷饮）40 克
椰子水 60 克
柠檬酱（P39）40 克

制作方法

1 把冰放进杯中，注入蝶豆花茶和椰子水。
2 把柠檬酱放进小罐中。
3 在引用时，把柠檬酱倒入步骤 1 的茶汤时，饮品的颜色会发生变化，同时产生分层现象（图①、图②），混合均匀后，整杯饮品都会变成紫红色（图③）。

❶

❷

❸

冷 ☑

热 ☐

玉露 × 乳酸菌饮料 × 梅子

梅汁养乐多绿

使用了在中国流行的“养乐多”制成的饮品。由于口味在某些方面很相近，所以和梅子比较搭。把它们和玉露组合起来，可以让玉露的苦味得到平衡。添加椰果，可以获得良好的口感。

材料（一杯量）

椰果 80 克
冰 适量
玉露（P25 冷饮）100 克
乳酸菌饮料（养乐多）137 克（两瓶）
梅子糖浆（P39）30 克

制作方法

把椰果、冰、玉露、乳酸菌饮料、梅子糖浆依次放入杯中，轻轻搅匀。

冷 ☑

热 ☐

铁观音 × 橙子

铁观音橙子气泡水

铁观音具有焙烤的香味和柑橘类的香味，向铁观音的茶汤中加入橙子，会让柑橘的香气被进一步激发。搭配苏打水，爽口而过瘾。

材料（一杯量）

橙子（切片）3 片

冰 适量

苏打水 90 克

铁观音（P23 冷饮）90 克

制作方法

1 把橙子片切成六分之一的大小。

2 向杯中交替放入冰块和橙子片，最后注入茶汤和苏打水。

大吉岭红茶 × 金橘 × 蜜柑

金蜜双柑大吉岭

破坏掉柑橘的纤维可以榨出更多汁液，所以要使用冷冻的金橘和蜜柑。
大吉岭红茶是最搭柑橘类的红茶。蜜柑的甜味可以缓和金橘的酸味。

材料（一杯量）

金橘（冷冻）30克（约3个）
蜜柑（去皮 冷冻）15克（约1/4个）
大吉岭红茶（P21冷饮）45克
冰 适量
干金橘（切片）1个金橘的分量

制作方法

1 把金橘连皮放入摇酒器，蜜柑剥皮放入摇酒器，使用杵将它们碾碎（图①、图②）
2 放入茶汤和冰，充分摇匀。
3 把冰放入杯中，注入步骤2的果茶，用干金橘片装饰。

冷

热
□

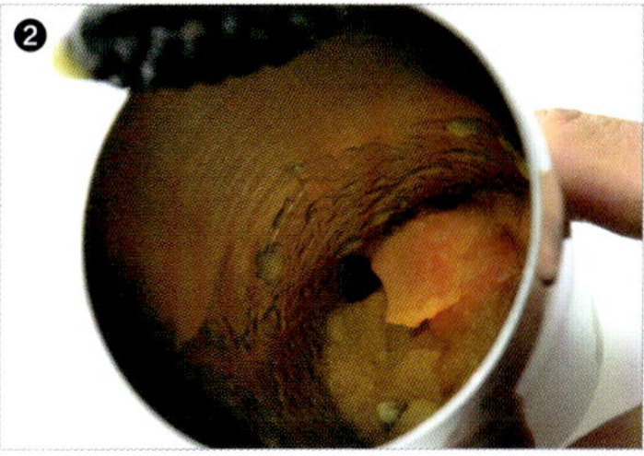

大吉岭红茶 × 八朔

八朔大吉岭果茶

八朔原产于日本，是柑类的一种，属于冬季到春季的时令水果，香气、甜味、酸味和苦味都具有良好的平衡。
和搭配柑橘类很合适的大吉岭红茶组合起来，可以享受轻微苦涩带来的复杂口味。

冷 ☑ 热 ☐

材料（一杯量）

八朔（切片）1 片
冰 适量
八朔糖浆（P38）40 克
大吉岭红茶（P21 冷饮）120 克

制作方法

1 把八朔片切成两半，装饰在杯子上（P56），向杯中放入冰块。
2 把八朔糖浆和大吉岭红茶放进容器中充分混合，倒入步骤 1 的杯子中。

大吉岭红茶 × 无花果 × 八角

八角无花果茶

具有花香的大吉岭红茶和具有香草香气的无花果相性绝佳。搭配上具有刺激性甜香的八角，可以做出具有浓郁异国风情的饮品。甜蜜的香气和清爽的口感极具魅力。

材料（一杯量）

大吉岭红茶（茶叶）4 克
水 190 克
八角 1 个
无花果酱（P38）30 克

制作方法

1 把茶叶放入茶器，把刚接的水烧开，倒入茶器，盖上盖子闷 3 分钟。
2 把步骤 1 的茶汤注入杯中，在最上层放置八角，把无花果酱倒入杯中。

冷 □
热 ☑

冷 ☑

热 □

大吉岭红茶 × 西柚

柚子果冻茶

使用了口感弹牙的果冻，混合西柚的果肉做成的果冻茶。
后味酸爽微苦。

材料（一杯量）

柚子果冻（P45）150 克
冰 适量
西柚酱（P37）50 克
大吉岭红茶（P21 冷饮）160 克

制作方法

1. 使用叉子切碎柚子果冻，放入杯中，向杯中放入冰块。
2. 把西柚酱和大吉岭红茶放入容器中混合，注入步骤 1 的杯子中。

冷 ☑

热 ☑

东方美人茶 × 柿子 × 肉桂

肉桂柿子东方美人

东方美人茶具有玫瑰香葡萄一样的甜美芳香。和具有圆滑甜味的柿子搭配，加上微辣的肉桂，会做成口味复杂的饮品。

材料（一杯量）

东方美人茶（茶叶） 4 克
水 170 克
柿子酱（P38） 40 克
肉桂卷 1 根

制作方法

1 把刚接的水烧开，冷却至 85℃。
2 把茶叶放入茶器，注入步骤 1 的水，盖上盖子闷 1 分钟，把茶汤倒进杯子里。
3 放入柿子酱，插入肉桂卷装饰。

【制作冷饮时】

依次向杯中放入柿子酱、冰块、东方美人茶茶汤（P21 冷饮），插入肉桂卷装饰。

茉莉花茶 × 奇异果 × 薄荷

奇异果薄荷茉莉花茶

奇异果具有清甜的芬芳。在这款饮品中使用了整整一个奇异果，增加了饮品的分量和清凉感。向茉莉花茶中加入捣碎的薄荷叶，可以让茉莉花的香气更为丰盈。

冷 ☑
热 ☐

材料（一杯量）

薄荷叶（大叶片）20 片左右
细砂糖 5 克
奇异果 1 个
茉莉花茶（P27 冷饮）100 克
冰 适量

制作方法

1 把薄荷叶和细砂糖放入摇酒器中，使用杵捣碎。
2 加入剥皮的奇异果，使用杵捣碎。
3 加入茉莉花茶和冰，摇匀。
4 杯中放入冰块，注入步骤 3 的果茶。

格雷伯爵茶 × 石榴

石榴格雷伯爵茶

石榴的果汁是晶莹剔透的红色，口感酸甜。
搭配格雷伯爵茶，并在饮品中加入石榴粒，在咀嚼过程中，口中的酸甜会蔓延开来。

材料（一杯量）

石榴糖浆（P38）30克
碎冰 适量
石榴粒（冷冻）70克
格雷伯爵茶（P26冷饮）170克

制作方法

1 把石榴糖浆放入杯中，以2：3的比例交替放入碎冰和石榴粒，码好几层。
2 注入格雷伯爵茶，使用剩余的石榴粒装饰。

冷 ☑
热 □

茉莉花茶 × 西瓜 × 奶酪

西瓜茉香冰沙

西瓜作为夏日必不可少的水果，和具有花香的茉莉花茶很搭。在饮品顶端淋上奶酪奶沫和玫瑰盐，混合后可以喝到咸甜酸三种味道，让饮品中果实的存在感更加凸显。

材料（一杯量）

西瓜（冷冻）160 克
茉莉花茶（P27 冷饮）220 克
西瓜酱（P39）50 克
柠檬酱（P39）10 克
奶酪奶沫（P42）50 克
玫瑰盐（粉末）少许

制作方法

1 把西瓜、茉莉花茶、西瓜酱、柠檬酱放入搅拌机内搅拌。
2 把步骤 1 的果茶注入杯中，在顶端放置奶酪奶沫（P57），使用玫瑰盐装饰。

冷 ☑

热 ☐

东方美人茶 × 葡萄

东方美人葡萄茶

使用葡萄和具有玫瑰香葡萄般甜美香气的东方美人茶制作的饮品。
向饮品中加入新鲜的葡萄皮，来引出饮品的香气，并为饮品增加涩味，抑制甜味，喝时更为爽口。

材料（一杯量）

无籽葡萄（紫、绿）各 10 颗
东方美人茶（P21 冷饮）120 克
冰 适量
葡萄干（对半切 紫、绿）各 3 颗

制作方法

1 把葡萄连皮放入摇酒器中，使用杵捣碎。
2 加入茶汤和冰，摇匀。
3 把步骤 2 的果茶连冰一起倒入杯中，使用葡萄干装饰。

冷 ☑
热 □

茉莉花茶 × 火龙果 × 酸奶

酸奶沫火龙果茉莉花茶

具有火龙果颜色的华丽饮品。茉莉花茶的花香和柠檬的酸味充分调和，加上酸奶奶沫，会变成具有奶香的甘甜味道。

冷 ☑
热 ☐

材料（一杯量）

火龙果（冷冻 红心）50 克
茉莉花茶（P27 冷饮）120 克
柠檬酱（P39）30 克
冰 适量
酸奶沫（成品）50 克

制作方法

1 把火龙果、茉莉花茶、柠檬酱放入搅拌机进行搅拌。
2 把冰块放进杯子里，注入步骤 1 的果茶，在最上层从杯缘向杯子中心放置酸奶沫（P57）。

茉莉花茶 × 洋梨

混合型饮品

茉香柑橘洋梨

洋梨在甘甜中带有些微酸味，香气醇厚扑鼻。和具有花香的茉莉花茶和柠檬慕斯组合起来，会中和酸味和甜味，口味温和。

材料（一杯量）

冰 适量
茉莉花茶（P27 冷饮）120 克
洋梨酱（P37）30 克
柠檬慕斯（P43）20 克
柠檬皮（削皮）少许

制作方法

1 把冰块放进杯子里，注入茉莉花茶和洋梨酱，轻轻搅匀。
2 把柠檬慕斯喷在表层，用柠檬皮装饰。

冷 ☑
热 ☐

冷 ☑

热 ☐

四季青乌龙茶 × 葡萄

葡萄四季青冰沙

四季青乌龙茶具有浓郁的花香，入口绵柔清爽。
和冷冻过的葡萄搭配制作出冰沙可以让葡萄的风味更为突出，整体口味更加平衡。

材料（一杯量）

无籽葡萄（冷冻 绿）190 克
四季青乌龙茶（P22 冷饮）190 克
柠檬汁 5 克

制作方法

把无籽葡萄、四季青乌龙茶和柠檬汁都放进搅拌机，搅拌后倒入杯中。

茉莉花茶 × 荔枝 × 西柚

荔枝柚子茉莉花茶

冷 ☑
热 □

用清香的茉莉花茶调和甘甜的荔枝和具有酸苦味道的西柚。
三种味道都会凸显出来，但在入口后又会觉得调整得当。

材料（一杯量）

西柚（榨取后的汁液）45克
冰 适量
茉莉花茶（P27 冷饮）45克
荔枝酱（P37）30克

制作方法

1 把西柚对半切开，用挤压器榨汁，过滤后得到所需的果汁。
2 把冰放入杯中，分别注入茉莉花茶、西柚汁、荔枝酱，轻轻搅拌均匀。

冷 ☑

热 ☐

白桃乌龙茶 × 桃子 × 橙子

白桃橙子茶

传统鸡尾酒“迷幻脐橙”的茶饮品版本。
使用了白桃乌龙茶，让饮品的香味四溢，入口清爽。

材料（一杯量）

橙子（榨取后的汁液）100 克
桃子酱（P37）40 克
冰 适量
白桃乌龙茶（P26 冷饮）60 克
橙子干（切片）1 片

制作方法

1 把橙子对半切开，用挤压器榨汁，过滤后得到所需的果汁。
2 把桃子酱、冰、橙汁分别放进杯中，注入白桃乌龙茶，用橙子干做装饰。

茉莉花茶 × 乳酸菌饮料 × 柠檬

养乐多柠檬茉莉

冷 ☑

热 ☐

酸甜口味的乳酸菌饮料和茉莉花茶混合制成的饮品。细碎的柠檬果冻作为顶料，和液体一同吸入口中，使人神清气爽，清凉感加倍。

材料（一杯量）

冰 适量

茉莉花茶（P27 冷饮）65 克

乳酸菌饮料（养乐多）1 瓶

柠檬酱（P39）30 克

柠檬果冻（P45）80 克

柠檬（切片，半月形）3 片

制作方法

1 把冰块放入杯中，注入茉莉花茶、乳酸菌饮料和柠檬酱，轻轻搅拌均匀。

2 用叉子切碎柠檬果冻，置于顶层，使用柠檬片装饰。

格雷伯爵茶 × 蜂蜜 × 柠檬

蜂蜜柠檬格雷伯爵茶

原产于意大利的格雷伯爵茶使用佛手柑调味，带有柑橘类的芳香。和香甜的蜂蜜与酸味的柠檬融合，可以做出甜柠檬汁一样的味道。蜂花粉的独特口感更是为饮品锦上添花。

冷 ☑

热 ☑

材料（一杯量）

格雷伯爵茶（P26 冷饮）110 克
蜂蜜 15 克
冰 适量
柠檬慕斯（P43）20 克
蜂花粉 1 克

制作方法

1 把格雷伯爵茶和蜂蜜放入容器中，充分搅拌均匀。
2 把冰放进杯中，注入步骤 1 的茶汤，在顶层喷上柠檬慕斯，装饰上蜂花粉。

【制作热饮时】

把除柠檬慕斯和蜂花粉之外的所有材料加热后注入杯中，喷上柠檬慕斯，装饰上蜂花粉。

薄荷 × 蜂蜜 × 柠檬

蜂蜜柠檬薄荷茶

使用薄荷搭配蜂蜜柠檬水，让浓郁的香气之中透出一丝清爽。
摇匀后，柠檬的酸味和苦味都得到缓和，入口会更加舒适。蜂蜜柠檬是传统搭配，但加入新的处理后会产生新的味道。

材料（一杯量）

水 90 克
柠檬酱（P39）20 克
蜂蜜 15 克
冰 适量
薄荷叶（大片）20 片左右

制作方法

1 把水、柠檬酱、蜂蜜放入摇酒器中，轻轻摇匀。
2 把冰放入杯中，将步骤 1 中的水注入杯中，使用薄荷叶装饰。

【制作热饮时】

先将 3 克干薄荷放入茶器中，倒入刚烧开的热水 150 克，盖上盖子闷 3 分钟，倒入杯中，最后加入柠檬酱和蜂蜜，混合均匀。

冷 ☑
热 ☑

混合型饮品

东方美人茶 × 青苹果 × 奶酪 × 樱花

熏奶酪奶盖苹果东方美人茶

清爽的青苹果搭配具有蜂蜜般甜香的东方美人茶，在顶上放置的奶酪奶沫使得饮品更加香醇。
最后添加的樱花木熏香更是让人印象深刻，也让饮品更具成熟气息。

冷 ☑
热 □

材料（一杯量）

冰 适量
东方美人茶（P21 冷饮） 150 克
青苹果酱（P37） 50 克
奶酪奶沫（P42） 50 克
樱花木（熏制用） 适量

制作方法

1 把冰、东方美人茶、青苹果酱放入杯中，轻轻搅拌。从杯缘向杯子中心慢慢加入奶酪奶沫，给杯子盖上盖子。
2 把迷你烟熏炉（P61）接上管子，管子一端插入盖子的吸管口（图①）。在烟熏炉的顶端放置樱花木块，给木块点火。稍候片刻之后，木块就会开始冒烟，炉内会产生烟雾。烟雾在充满炉内之后，会通过管子注入盖子内部，使杯内烟雾缭绕（樱花木烟熏，图②）。
3 在上桌时把盖子打开，烟雾就会喷涌而出，可以为饮者提供特殊的表演要素。

【备忘】

木块除樱花木之外还有很多种，要根据不同的饮品来选择合适的木头。烟雾在打开盖子之后立刻就会消散，所以在上桌之前要保证盖子紧闭。

①

②

迷迭香 × 西柚

迷迭柚子茶

具有独特清爽香气的迷迭香在经过炙烤后，香气可以转移到杯中，和西柚组合起来会获得更加清爽的口感。

材料（一杯量）

迷迭香 2 根
西柚（榨取后的汁液）160 克
冰 适量
西柚酱（P37）40 克

制作方法

1 使用喷枪炙烤迷迭香（图①），放入杯中，盖上平底皿之类的盖子（图②），倒置（图③）。这样做，迷迭香的香气会转移到杯中。
2 将西柚对半切开，使用挤压器榨汁，获得所需的果汁。
3 把步骤 1 的迷迭香取出，向杯中放入冰块，把西柚汁和西柚酱注入杯中，轻轻搅拌混合。
4 把迷迭香装饰在杯子上。

冷 ☑
热 ☐

❶

❷

❸

冷 ☑

热 ☐

东方美人茶 × 梨子 × 奶酪

奶酪梨子茶

梨子具有轻盈的甜香，东方美人茶也有类似的香气。
两者结合与浓郁又奶味十足的奶酪奶沫很搭，搅拌后饮用，梨子的特色仍旧凸显。

材料（一杯量）

梨子（冷冻）70 克
东方美人茶（P21 冷饮）70 克
柠檬汁 5 克
奶酪奶沫（P42）50 克
柠檬干（切片）1 片

制作方法

1 把梨子、东方美人茶、柠檬汁一起放入搅拌机中，开机搅拌。

2 把步骤 1 的茶注入杯中，从杯缘开始慢慢把奶酪奶沫放置于液体顶层，放上柠檬干切片。

冷 ☑

热 ☑

洋甘菊茶 × 八朔

八朔洋甘菊茶

洋甘菊具有青苹果般温柔甜美的香气，适合搭配酸度适宜的八朔。
花香中透着柑橘的清爽，口感柔和。

材料（一杯量）

八朔（切片）2 片
冰 适量
八朔糖浆（P38）40 克
洋甘菊茶（P27 冷饮）140 克

制作方法

1 把八朔片装饰于杯子内壁（P56），放入冰块。
2 把八朔糖浆和洋甘菊茶放入容器中混合均匀，倒入步骤 1 的杯子中。

【制作热饮时】

把 3 克洋甘菊（干燥）放入茶器，注入 150 克沸水，盖上盖子闷 3 分钟，倒入八朔糖浆并混合，装饰上八朔片。

冷 ☑

热 ☐

百里香 × 百香果

百里百香泡泡茶

百里香是唇形科植物之中香气格外剧烈的一种，具有杀毒和抗病菌的功效。
搭配百香果和柠檬的清爽，可以为百里香带来异国情调，它的香气也会更加绚烂。

材料（一杯量）

百香果 1个
百香果酱（P37）30克
冰 适量
柠檬（切片，半月形）6片
百里香 5~6根
苏打水 100克

制作方法

1 把百香果对半切开，取出果肉放入杯中，注入百香果酱。
2 向步骤1的杯中交替放入冰块、柠檬和百里香。
3 注入苏打水。

薄荷 × 奇异果 × 凤梨

奇异果凤梨薄荷茶

冷 ☑
热 ☐

将凤梨和奇异果切成小块，放入清凉的薄荷茶中。
热带水果的醇厚芳香搭配两种水果特别的口感，让人欲罢不能。

材料（一杯量）

奇异果 1个
凤梨 50克
凤梨酱（P38）20克
冰 适量
薄荷茶（P27 冷饮）150克

制作方法

1. 奇异果去皮，和凤梨一起切成直径5毫米左右的小块。
2. 把凤梨酱放入杯中，步骤1的果肉取2/3和冰交替放入杯中，注入薄荷茶，使用步骤1中剩余的果肉做装饰。

玫瑰芙蓉花茶 × 蜂蜜 × 葡萄

玫瑰芙蓉提子茶

玫瑰芙蓉花茶具有强烈酸味，和从花朵中采取的蜂蜜很搭。
清爽微甜的口味可以由葡萄进一步诱发。

冷 ☑

热 ☑

材料（一杯量）

水 150 克
玫瑰芙蓉花（花茶）3 克
无籽葡萄（紫、绿）10 个
蜂蜜 5 克

制作方法

1 将刚接的水烧开，冷却到 85℃。
2 把花茶放入茶器，注入步骤 1 中的水，盖上盖子闷 3 分钟。
3 把葡萄对半切开，放入杯中，注入步骤 2 的茶汤，加入蜂蜜。

【制作冷饮时】

把切开的葡萄和冰放入杯中。把步骤 2 的茶汤和蜂蜜混合均匀，倒入杯中。

茉莉花茶 × 芒果

茉香芒果

混合型饮品

把大块芒果直接放入茉莉花茶茶汤中，可以边吃边喝的混合型饮品。
如果把芒果碾碎再喝，芒果的浓厚果味和茉莉花茶的幽香会完美结合。

材料（一杯量）

芒果 150 克
冰 适量
茉莉花茶（P27 冷饮）150 克
芒果酱（P39）30 克 +5 克（完成阶段使用）

制作方法

1. 把芒果切成能放入口中的大小。
2. 把冰、茉莉花茶和 30 克芒果酱注入杯中，轻轻混匀。
3. 把芒果装饰到顶层，同时把剩下的 5 克芒果酱抹在表面上。

冷 ☑
热 □

玉露 × 西瓜

混合型饮品

西瓜绿茶

可以边吃边喝的混合型西瓜饮品。
玉露含有大量具有鲜味的单宁酸，可以引出西瓜的甜味。

材料（一杯量）

西瓜 120 克
冰 适量
西瓜酱（P39）30 克
玉露（P25 冷饮）120 克

制作方法

1 西瓜去皮，切成 5 毫米宽的月牙形长条，和冰一起放入杯中。
2 把玉露和西瓜酱放进容器中轻轻搅匀，注入步骤 1 的杯子中。

冷 ☑
热 ☐

冻顶乌龙茶 × 凤梨 × 椰果

混合型饮品

冻顶凤梨

冻顶乌龙茶具有和绿茶近似的兰花芬芳，和甜香的凤梨与椰香的椰果相性很好，入口的口感也为饮品加分。

材料（一杯量）

凤梨 100 克
冰 适量
冻顶乌龙茶（P22 冷饮）200 克
椰果 60 克

制作方法

1 凤梨去皮，切成大块。
2 把凤梨块和冰交替放入杯中，注入冻顶乌龙茶。
3 将椰果用于装饰。

冷 ☑

热 ☐

混合型饮品

奶茶 × 香蕉 × 鲜奶油

焦糖香蕉奶茶

把香蕉做成球形，使用法式红糖制成焦糖淋在上面，可以让香蕉产生独特口感，又不失原本的甜香。同时，还可以让奶茶变得更加华丽。

冷 ☑ 热 □

材料（一杯量）

香蕉（丸子）7 个（约 60 克）
冰 适量
奶茶（参考下方说明 冷饮）200 克
鲜奶油（P41）50 克
法式红糖 * 适量

* 法国产的红糖，由纯甘蔗制成。

制作方法

1 把香蕉使用挖球器做成球形，包裹上法式红糖，并排放在锡纸上，使用瓦斯喷枪喷至红糖变成焦糖壳（图①、图②）。
2 向杯中放入冰块，注入奶茶，用裱花袋在顶层挤上鲜奶油。
3 把步骤 1 的香蕉球装饰在杯子上方即可。

奶茶茶底

材料（成品约 1 千克）

具有苦味或涩味的发酵茶叶，需要具有强烈香气的茶 36 克（乌瓦茶 *1、阿萨姆红茶、金萱乌龙茶、冻顶乌龙茶、焙茶、玄米茶、普洱茶 *2、茉莉花茶等）
水（软水）300 克
牛奶 900 克

*1 乌瓦茶是世界三大红茶之一，具有醇厚的芳香和浓郁的涩味，茶汤鲜美，适合于奶茶。
*2 在冲泡前需洗茶（P23）。

制作方法

1 把除牛奶之外的所有材料放入锅中，开火烧开。
2 用小火慢慢煮至锅内内容物只剩 1/2，加入牛奶，过滤后倒入容器。

【备忘】
- 由于苦涩味道和牛奶搭配起来很合适，所以要烧开让这部分成分析出。
- 制作出的奶茶要冷藏，在 6 小时内使用完毕为佳。
- 如果制作热饮，就把奶茶加热，制作冷饮就把奶茶倒入装有冰块的容器之中。

混合型饮品

大吉岭红茶 × 柑橘类

四柑大吉岭

综合了同时具有苦味、酸味和甜味的四种柑橘，做好了口味平衡的饮品。
大吉岭红茶和柑橘类水果很搭，香气扑鼻。

冷 
热 □

材料（一杯量）

柠檬（切片）3 片
青柠（切片）4 片
橙子 1 个
金橘 4 个
冰 适量
大吉岭红茶（P21 冷饮）200 克

制作方法

1 分别把柠檬片和青柠片切成四分之一大小（如图，下同）。
2 把橙子分瓣剥出。
3 把每个金橘都切成四等分的大小。
4 将以上三个步骤中的材料混合，和冰块交替放入杯中，注入大吉岭红茶。使用切好的水果，可以让果汁更好地渗入茶汤之中。

冷 ☑

热 ☐

冻顶乌龙茶 × 凤梨 × 苹果 × 奇异果

奇异凤梨苹果茶

富含膳食纤维、钙质和维生素的几种水果，搭配出健康的饮品。
使用了水果干，让水果中浓缩的鲜味在茶汤中扩散开来，口味复杂而丰富。

材料（一杯量）

冻顶乌龙茶（P22 冷饮）360 克
凤梨干 10 克
苹果干 10 克
奇异果干 10 克

制作方法

把所有果干放入茶包中，将茶包放入茶汤中，轻轻振荡。

【备忘】

凤梨不仅富含植物纤维、钙离子和钾离子，还具有促进新陈代谢，缓解人体疲劳的维生素 B_1 和维生素 B_2。苹果则富含膳食纤维和多种纤维素，可以促进肠道健康和缓解疲劳。奇异果也富含膳食纤维，同时还拥有维生素 C、维生素 E 和钾离子等多种人体所需的营养素。

百里香 × 莓类

百里香混合莓茶

冷 ☑
热 □

水果和草药制成的茶饮，具有排毒的功效。使用食物烘干机，可以把食材在 40℃的低温烘干，在不损坏营养成分的前提下制成果干。果干在饮毕后也可以吃掉。

材料（一杯量）

百里香 1 根
蓝莓干 10 克
树莓干 10 克
草莓干（切片） 10 克
水 370 克

制作方法

把所有材料投入加盖的杯中，轻轻摇匀。

【备忘】

莓类具有多种营养素：树莓含有丰富钾离子（可以预防不良生活习惯造成的相关疾病）和叶酸（可以预防贫血），蓝莓则含有花青素，它是一种多酚类物质，可以缓解眼部疲劳。

东方美人茶 × 多种水果 × 白葡萄酒

桑格利亚茶

桑格利亚是一种源自西班牙的果酒，本款饮品的灵感来源就是这种酒。将球形的水果浸泡于白葡萄酒糖浆之中，可以让饮品的颜色鲜艳多彩。
种类繁多的水果和茶汤混合在一起十分具有情调，是无酒精版的桑格利亚。

冷 ☑
热 ☐

材料（一杯量）

梨子 *1 4个
西瓜 *1 4个
洋梨 *1 4个
奇异果 *1 4个
火龙果（红）*1 4个
芒果 *1 4个
苹果 *1 4个
白葡萄酒糖浆 *2 适量
碎冰 适量
东方美人茶（P21 冷饮）100克

*1 使用挖球器挖出来的球形水果。
*2 材料（容易制作的分量）：白葡萄酒（果香型）200克、细砂糖100克
制作方法：把白葡萄酒加入锅中，使用中火烧开，沸腾至只剩一半内容物以使酒精挥发充分，加入细砂糖使之充分溶解。关火，锅中内容物倒入碗中，将碗放入冰中冷却。

制作方法

1 把水果球都放到附有盖子的容器内部，向容器内注入白葡萄酒糖浆至水果刚刚被全部盖上（图①）。放入冰箱，腌渍半天（图②）。因为火龙果之类颜色鲜艳的水果会让其他水果染色，所以要把这类水果单独放置。
2 把步骤1的水果球放在滤网上，轻轻除去糖浆表面的水汽。
3 把梨子放入杯底，然后依次放入洋梨、西瓜、奇异果、火龙果、芒果和苹果，每两种水果之间使用碎冰隔开。
4 注入东方美人茶。

①

②

茉莉花茶 × 芒果 × 香辛料

辛辣芒果茶

美国西海岸的人们时常会饮用辛辣的水果饮品，本款饮品就是这种辛辣口味的茶版本。
使用了茉莉花茶，香气中透露着华丽。墨西哥辣酱的甜酸和香料的辣味构成了全新的味道。

冷 ☑
热 ☐

材料（一杯量）

墨西哥辣酱（P35）30 克 +5 克（完成阶段使用）
Tajin 辣椒粉 1 克 + 少许（完成阶段使用）
茉莉花茶（P27 冷饮）110 克
芒果（冷冻）50 克
芒果酱（P39）50 克
冰 适量
芒果（切成一口的大小）70 克

制作方法

1 把墨西哥辣酱 30 克装饰于杯壁，均匀涂抹上 1 克 Tajin 辣椒粉，把冰放入杯中。
2 把茉莉花茶、冷冻芒果和芒果酱一起放入搅拌机内搅拌，注入杯中。
3 使用切成一口大小的芒果装饰，把剩余的 5 克墨西哥辣酱装饰在顶端，撒上少许 Tajin 辣椒粉。

玉露 × 西瓜 × 香辛料

辛辣西瓜茶

将西瓜的甜味、墨西哥辣酱的酸味和辣椒粉的辣味相结合的饮品。在炎炎夏日饮用，使人上瘾。漂浮在饮品中的西瓜片也是一大卖点，不管是直接吃还是混合在饮品里都很棒。

冷 

热 

材料（一杯量）

墨西哥辣酱（P35） 30 克
Tajin 辣椒粉 1 克 + 少许（完成阶段使用）
玉露（P25 冷饮） 110 克
西瓜（冷冻） 50 克
西瓜酱（P39） 50 克
冰 适量
西瓜（切片） 100 克

制作方法

1. 把墨西哥辣酱装饰于杯壁，均匀涂抹上 1 克 Tajin 辣椒粉，把冰放入杯中。
2. 把玉露、冷冻的西瓜和西瓜酱一起放入搅拌机搅拌，注入杯中。
3. 将吸管插在扇形西瓜片上装饰在饮品中，撒上少许 Tajin 辣椒粉。

冻顶乌龙茶 × 凤梨 × 香辛料

辛辣凤梨雪泥茶

凤梨和以杏作为基底的墨西哥辣酱组合起来，会产生草药般的清爽感，更有些微花香。
冻顶乌龙茶整合了饮品整体的口味，热带风情的浓厚酱汁为饮品增添了浓稠度。

冷 ☑
热 ☐

材料（一杯量）

墨西哥辣酱（P35） 30 克 +5 克（完成阶段使用）
Tajin 辣椒粉 1 克 + 少许（完成阶段使用）
冻顶乌龙茶（P22 冷饮） 150 克
凤梨（冷冻） 100 克
凤梨酱（P38） 50 克
冰 200 克
凤梨（切片） 100 克

制作方法

1 把墨西哥辣酱 30 克注入杯中，撒上 1 克 Tajin 辣椒粉。
2 把冻顶乌龙茶、冻凤梨、凤梨酱和冰放入搅拌机，开机搅拌，倒入杯中。
3 把切成半月形的凤梨片插在吸管上，淋上 5 克装饰用的墨西哥辣酱，撒上少许 Tajin 辣椒粉。

冷 ☑ 热 ☐

金萱乌龙茶 × 草莓 × 香辛料

辛辣草莓茶

冬日的甜美草莓，搭配上酸甜的墨西哥辣酱，可以产生清爽的口味。
甜辣调和平衡，香气和奢华的味道在口中四溢。

材料（一杯量）

草莓（白、红）各 2 个
金萱乌龙茶（P22 冷饮）150 克
草莓（冷冻）100 克
草莓酱（P37）30 克
冰 100 克
墨西哥辣酱（P35）20 克
薄荷叶 少许

制作方法

1 把新鲜的白草莓和红草莓对半切开。
2 把金萱乌龙茶、冻草莓、草莓酱和冰放入搅拌机，开机搅拌，注入杯中。
3 将草莓装饰在步骤 2 果茶的上方，淋上墨西哥辣酱，最后装饰上薄荷叶。

总结

如何设计季节性商品

要设计季节性商品菜单，首先要充分了解当季有什么样的时令食材，然后考虑清楚食材怎么样去使用。而且，还是要从茶饮品的完成形态来倒推制作手段。

制作季节性饮品的流程

① 想象成品：要想象好要制作的饮品的完成形态，考虑清楚想要供应的时期。最好从想要卖的商品和想要展示的商品这两条法则去考虑。
② 要想清楚使用哪种食材，以及该食材是否为时令食材。
③ 选择和时令食材相配的茶底。
④ 思考目标顾客，根据目标顾客决定饮品的甜度、分量等。
⑤ 组合选择好的食材。

将①～⑤按顺序写在纸上的话，会更便于思考。

四季与不同活动下的提示

☞ 春季

季节： 寒冬将去，各种花朵含苞待放。菜地里绽放出黄花，带来暖洋洋的感觉，十分春日的气息。

印象色： 像新叶一样柔和而温暖的颜色，比如黄、绿、粉等，色调也要淡一点。

活动： 赏花、白色情人节、入学、新学期、入职等。

☞ 夏季

季节： 春日的暖意经过梅雨季的洗礼而进入炎炎夏日，环境绿意盎然。

印象色： 红、黄、蓝等色调分明的颜色，同时所有冷色系都很合适。

活动： 赶海、海水浴、七夕、暑假等。

设计方案举例

此处以夏季的季节性饮品作为范例，按照上一页的“制作季节性饮品的流程”中的步骤①~步骤⑤来制作。

① 和炎炎夏日贴切的鲜艳颜色，是一款适合用来展示的饮品。
② 由于是夏日，所以采用夏日时令的西瓜来做食材。
③ 使用和西瓜搭配合适的玉露或茉莉花茶作为茶底。

- 玉露由于苦味很少，甜味很足，搭配上西瓜的酸甜味道，可以保证味道的三要素（P50）达到比较好的平衡。而且玉露带有的香气（海苔一样的香味）可以让人感受到大海的气息，从而进一步感受到咸味，与在西瓜上撒盐以促进味道的印象完美重合。
- 具有花香的茉莉花茶，和爽口的西瓜搭配合适，让人感受到夏天的味道。
- 无论玉露还是茉莉花茶的茶汤颜色都很淡，不会遮盖西瓜本身的颜色。

④ 目标顾客是经常在社交网络发送图片的年轻人群，他们通常会边走边喝茶饮品。基本来说，目标人群是 18~23 岁的女性顾客。
⑤ 综合以上要素考虑，会把结论引向“西瓜茉香冰沙”这种看起来很好看的饮品。和它相似的还有“辛辣西瓜茶”这种酸味稍微有一些强烈的饮品，但由于年轻人对酸味接受程度没有那么高，所以暂时从候补对象中排除。

☞ 秋季

季节：夏季结束，郁郁葱葱的树叶被红色渐染，天气带有一丝凉意。是满载丰收喜悦的季节。
印象色：让人产生红叶和秋天时令食材的棕褐色色系。
活动：运动会、赏红叶、收获粮食、赏月等。

☞ 冬季

季节：秋季的离去让天气更加寒冷，树木叶片凋零，冬日景色充满幻想色彩。但严寒之中也有圣诞节或火锅这类让人感受到暖意的事物，是特别的季节。
印象色：和寒冷很贴近的白、黑色系，或让人安心的温暖色系。
活动：圣诞节、新年、情人节等。

Chapter

4

甜茶

甜茶是什么

随着珍珠奶茶大受欢迎，茶饮品诞生了一种全新的类别：甜茶。有一类饮品具有像甜品一样的丰富甜味，让人入口具有强烈满足感。同时，跟着这类饮品一同诞生的还有混合型饮品，同时具有食品和饮品两种属性，让人可以边吃边喝。基于混合型饮品的这一特点，日后想必还会产生更多变革。这些像甜品一样的饮品，如果使用茶汤作为基底，就做成了甜茶。

茶汤的香气过于纤细，和香味或味道很强烈的配料、酱料、糖浆等搭配起来其实很不适合。但一旦理解了茶的特征，在茶底的选择上，就会给出合适的解答。

甜茶在年轻人当中尤其受欢迎。近年来，年轻人群越发不喜欢吃味道复杂的甜品，由于对苦味和酸味这些味道十分敏感（详见 P10—P11），所以年轻人变得越发喜欢纯粹甜味的食物。对于这群追赶流行的“社交网络世代”的人们而言，所追求的口味也和传统中“成熟的味道”有很大的不同。对于饮品来说，只有甜味的话，人们的喜好会有很大的区别，但如果把只有甜味的饮品当作甜食看待，想必不同年龄段之间的代沟会消解一些。

甜茶根据盛放方式的不同，可以在外观上做出很多花样。这些令人耳目一新的饮品装饰，很容易让人想要分享给大家，有可能形成大流行。

PCT patent pending

混合型饮品

茉莉花茶 × 西瓜 × 刨冰

西瓜茉莉雪花冰

在茉莉花茶上放置使用西瓜汁制成的雪花冰，随着雪花冰慢慢融化，茶汤会逐渐变得像果茶一样。
是可以同时喝茶和吃雪花冰的混合型饮品。

材料（一杯量）

茉莉花茶（P27 冷饮） 150 克
西瓜雪花冰* 适量
冰 适量

*材料（成品约 500 克）：西瓜（榨取后的汁液）400 克、细砂糖 100 克、柠檬汁 5 克
制作方法：西瓜去皮，放入挤压式榨汁机内榨汁，获得所需的果汁。然后将西瓜汁和细砂糖、柠檬汁一起放入搅拌机内搅拌，放入容器内冷冻。保质期约为 1 个月。

制作方法

1 冰块放入杯子内，注入茉莉花茶茶汤。
2 把西瓜雪花冰放入雪花冰刨冰机（P61）内，在杯子的正上方削成雪花冰，慢慢使其成为山的形状。

冷

热
□

格雷伯爵茶 × 橙子 × 刨冰

混合型饮品

甜橙伯爵雪花冰

格雷伯爵茶使用了柑橘类的佛手柑调香，在格雷伯爵茶的茶汤之上放置同样为柑橘类的甜橙雪花冰。十分适用于夏季的一款饮品，清爽的口感让饮品的味道更为美好。

冷 ☑
热 □

材料（一杯量）

冰 适量
格雷伯爵茶（P26 冷饮）200 克
甜橙雪花冰* 适量
橙子干（切片）1 片

*材料（成品约 500 克）：橙子（榨取后的汁液）400 克、细砂糖 100 克
制作方法和 P141 制作西瓜雪花冰相同（不需要柠檬汁），保质期约为 1 个月。

制作方法

1 冰块放入杯子内，注入格雷伯爵茶茶汤。
2 把甜橙雪花冰放入雪花冰刨冰机（P61）内，在杯子的正上方削成雪花冰，慢慢使其成为山的形状。最后装饰上橙子干。

抹茶 × 牛奶 × 白巧克力

白巧克力抹茶

抹茶的苦味和白巧克力的甜味是经典组合，搭配起来很合适。
把牛奶奶沫和抹茶巧克力放置在饮品最上层，会让饮品更有甜品的气质。

材料（一杯量）

牛奶 140 克
抹茶酱（P33）20 克
白巧克力酱（P34）20 克
冰 适量
普通奶沫（P41）50 克
抹茶巧克力（碎屑）10 克
抹茶粉 少许

制作方法

1 把牛奶、抹茶酱、白巧克力酱一起放入搅拌机搅拌，倒入放好冰的杯子内。
2 从杯缘向杯子中心注入奶沫（P57），淋上抹茶巧克力碎屑，装饰上抹茶粉。

【制作热饮时】

把除奶沫和抹茶巧克力之外的食材加热，并注入杯中。把奶沫和抹茶巧克力淋在最上层，使用抹茶粉装饰。

冷 ☑
热 ☑

冷 □

热 ☑

向牛奶中加入炼乳，可以让牛奶的奶香更为浓厚。本款饮品中抹茶的苦味和炼乳的甜味取得平衡，味道浓厚却甜而不腻。葛根粉让饮品更为浓稠，入口柔和。

材料（一杯量）

牛奶 120 克
炼乳 20 克
抹茶酱（P33）20 克
葛根粉 10 克

制作方法

把所有材料都放入锅中，搅匀后使用小火加热，直至液体变得浓稠。

冷 ☑

热 ☑

奶茶 × 生焦糖

焦糖奶茶

奶酪奶沫具有咸味，且口感浓厚，香味突出，可以衬托出具有淡淡苦味的生焦糖的美味。
把这二者和奶茶搭配起来更是可以达成完美调和。

材料（一杯量）

冰 适量
奶茶 *（P121 冷饮） 130 克
生焦糖酱（P34） 30 克
奶酪奶沫（P42） 50 克
开心果（大块碎屑） 2.5 克
杏仁（大块碎屑） 2.5 克

* 本款饮品推荐的奶茶茶底是乌瓦茶和阿萨姆红茶。

制作方法

1 冰块放入杯中，注入奶茶和生焦糖酱，搅拌均匀。
2 从杯缘向中心注入奶酪奶沫（P57），装饰上开心果和杏仁碎屑。

【制作热饮时】

把除坚果和奶酪奶沫之外的食材加热后倒入杯中，在顶层放置奶酪奶沫，装饰上坚果。

奶茶 × 奶油夹心饼干 × 香草冰激凌

香草奥利奥奶茶

奶油夹心饼干中含有黑可可粉，具有淡淡的苦味，适合搭配具有圆滑口感的奶茶。
加入冰激凌，可以为饮品添加香草的香气，作为顶料的曲奇饼干也具有酥脆的口感。

冷 ☑
热 □

材料（一杯量）

奶油夹心饼干（奥利奥）20 克 +10 克（顶料用）
普通奶沫（P41）30 克 +50 克（顶料用）
奶茶*（P121 冷饮）130 克
香草冰激凌 50 克
冰 适量

*本款饮品推荐的茶底是乌瓦茶、阿萨姆红茶和焙茶。

制作方法

1 把全部奶油夹心饼干放入食品级保鲜袋中封口，使用擀面杖碾成碎末（图①）。使用保鲜袋可以让碎屑不至于乱飞，提高工作效率。
2 把 30 克奶沫和 20 克饼干碎末一同放入碗中，使用塑胶铲子混合均匀（图②）。
3 使用勺子把步骤 2 的材料均匀涂抹于杯壁（图③）。
4 将奶茶和香草冰激凌放入搅拌机搅拌。
5 把冰块放入杯中，倒入步骤 4 的奶茶，在顶层放置剩下的 50 克奶沫和剩余的奶油夹心饼干。

奶茶 × 黑芝麻 × 糯米丸

黑芝麻糯米丸奶茶

把黑芝麻做成柔软的馅料，可以让香气蔓延开来。
喝着融入沙蓉的茶汤，吃着糯米丸，给人以日式点心的感觉。

冷 ☑
热 ☑

材料（一杯量）

糯米丸 60克
黑芝麻沙蓉[*1] 50克
冰 适量
奶茶[*2]（P121 冷饮）190克
鲜奶油（P41）50克
黑芝麻酱（P44）10克
黑芝麻 少许

*1 材料（成品约110克）：红豆沙100克、黑芝麻酱（P44）10克
制作方法：将材料全部倒入容器，混合均匀。保质期：冷藏可以保存2～3天。
*2 本款饮品推荐的茶底是乌瓦茶、阿萨姆红茶和焙茶。

制作方法

1 将糯米丸、黑芝麻沙蓉和冰依次加入杯中，注入奶茶，使用裱花袋在液体表面装饰上鲜奶油。
2 将黑芝麻酱放入自动出液器（食品用）中，使用其在步骤1的奶茶的表面画上斜向纹路，撒上黑芝麻。

【制作热饮时】
把糯米丸和黑芝麻沙蓉混合后放入杯中。将茶底加热后倒入杯中，把鲜奶油装饰于顶层，在表面使用黑芝麻酱画上斜向纹路，撒上黑芝麻。

奶茶 × 红豆馅 × 黑豆粉

汁粉珍珠奶茶

把红豆馅加入奶茶中，淋上具有咸味的奶酪奶沫，可以引出茶汤的甘甜。
黑豆粉可以增加饮品的浓郁感。不用糯米丸而是使用木薯珍珠，可以增加有嚼劲的口感。

冷 ☑

热 ☑

材料（一杯量）

红豆馅 50 克
黑糖珍珠（P48）80 克
冰 适量
奶茶*（P121 冷饮）150 克
奶酪奶沫（P42）50 克
黑豆粉 2 克

*本款饮品推荐的茶底是乌瓦茶、阿萨姆红茶和焙茶。

制作方法

1 把红豆馅和黑糖珍珠放入杯中充分混合。
2 放入冰，注入奶茶，从杯缘向中心加入奶酪奶沫（P57），撒上黑豆粉。

【制作热饮时】

把红豆馅和黑糖珍珠放入杯中，注入加热过的奶茶茶汤，加入奶酪奶沫和黑豆粉。

白桃乌龙茶 × 草莓 × 樱花

白桃樱花茶

融合了樱花淡淡幽香、草莓的酸甜和白桃乌龙茶清爽香气的饮品。
咸奶沫可以引出樱花果冻的甜味。

材料（一杯量）

樱花果冻（P47）60 克
草莓酱（P37）30 克
冰 适量
白桃乌龙茶（P26 冷饮）180 克
咸奶沫（P41）50 克
草莓巧克力（碎屑）10 克
糖渍樱花 2 克

制作方法

1 将樱花果冻和草莓酱倒入杯中。
2 加入冰块，注入白桃乌龙茶，从杯缘向中心加入咸奶沫，在顶层装饰上草莓巧克力碎屑和糖渍樱花。

冷 ☑
热 ☐

奶茶 × 生奶油 × 栗子

拿铁蒙布朗

将蒙布朗和奶茶相结合的奢华饮品。蒙布朗中栗子的甘甜和奶茶的圆滑组合在一起。
不管是直接喝、直接吃，还是混合后再饮用，味道都会有所不同。

材料（一杯量）

冰 适量
奶茶[*1]（P121 冷饮）180 克
鲜奶油（P41）50 克
栗子蒙布朗馅[*2] 50 克
栗子（碎）2 个

*1 本款饮品推荐的茶底是乌瓦茶、阿萨姆红茶和焙茶。
*2 材料（成品约 430 克）：栗子 300 克、细砂糖 30 克、朗姆酒香精 1 克、生奶油（乳脂含量 42%）100 克
制作方法：使用微波炉将栗子加热至微热，把栗子、细砂糖和朗姆酒香精一起放入食物处理机中搅拌（图①和图②）。随着搅拌至粉碎的过程中，慢慢加入生奶油，搅拌至整体变软（图③和图④）。冷藏可以保存 2~3 天。

制作方法

1 将冰块放入杯中，注入奶茶，使用裱花袋将奶油挤成圆顶状，放在表层。
2 把栗子蒙布朗馅放入蒙布朗裱花罐中，挤在顶层（如下图）。
3 把栗子装饰在表层。

冷
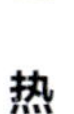
热
□

格雷伯爵茶 × 开心果 × 朗姆酒葡萄干

开心果朗姆酒葡萄干格雷伯爵茶

大量使用具有醇香的朗姆酒葡萄干，结合了开心果的香气和格雷伯爵茶的佛手柑芬芳，可以锁住饮品的味道，是一款浓郁而成熟的饮品。

冷 ☑
热 ☑

材料（一杯量）

朗姆酒葡萄干（P49） 20 克 +3 颗（用作顶料）
朗姆酒葡萄干的腌渍汁液 10 克
冰 适量
格雷伯爵茶（P26 冷饮） 160 克
开心果奶油奶沫（P41） 50 克

制作方法

1 将朗姆酒葡萄干、朗姆酒葡萄干的腌渍汁液、冰、格雷伯爵茶依次倒入杯中。
2 从杯缘向中心注入开心果奶油奶沫（P57），将 3 颗朗姆酒葡萄干放在顶上。

【制作热饮时】

将 3 克格雷伯爵茶（茶叶）放入茶器中，倒入 150 克刚烧开的水，盖上盖子闷 3 分钟，将茶汤注入杯中。向杯中放入朗姆酒葡萄干和朗姆酒葡萄干的腌渍汁液，注入开心果奶油奶沫，装饰上 3 颗朗姆酒葡萄干。

普洱茶 × 牛奶 × 巧克力

可可普洱拿铁

普洱茶具有水果干一样的香甜气息，同时又给人以泥土的感觉。
巧克力的味道埋藏很深，让人感受到层次的复杂，牛奶又令口感调和均匀，赋予温和感。

冷 ☑

热 ☑

材料（一杯量）

牛奶布丁（P46）80 克
巧克力酱（P33）15 克 +5 克
（完成阶段使用）
冰 适量
奶茶：普洱茶（P121 冷饮）150 克
鲜奶油（P41）50 克

制作方法

1 将牛奶布丁放入杯中，在布丁上淋 15 克巧克力酱。
2 依次倒入冰和普洱奶茶，在顶上放置鲜奶油，剩余的 5 克巧克力酱呈条状淋在鲜奶油上。

【制作热饮时】

把牛奶布丁放入杯中，15 克巧克力酱和普洱奶茶一同加热后注入杯中，在顶端放置鲜奶油，淋上剩余的 5 克巧克力酱。

焙茶 × 红豆馅 × 鲜奶油

汁粉糯米丸焙茶拿铁

软糯口感的糯米丸和红豆的组合是和果子的经典搭配，在这款饮品中和香味四溢的焙茶相结合。加入了鲜奶油后，由于乳脂的成分，增加了饮品的圆滑程度，喝起来会像奶油红豆糯米糍一样。

冷 ☑

热 ☑

材料（一杯量）

糯米丸 8 个（约 60 克）
红豆馅 20 克（顶料用）+10 克
冰 适量
焙茶（P25 冷饮）100 克
鲜奶油（P41）50 克
焙茶粉 少许

制作方法

1 将糯米丸和顶料用的 20 克红豆馅放入容器中，混合均匀。
2 依次向杯中放入剩余红豆馅、冰和焙茶茶汤，在顶端挤上鲜奶油。
3 把步骤 1 混合后的糯米丸和红豆馅轻轻置于顶端，撒上焙茶粉。

【制作热饮时】

把红豆馅放入杯中。将 3 克焙茶茶叶放入茶器，使用开水 150 克浸泡，盖上盖子闷 1 分钟，然后把茶汤倒入杯中，在顶端挤上鲜奶油，装饰上步骤 1 混合后的糯米丸和红豆馅，撒上焙茶粉。

玄米茶 × 蜜豆 × 卡仕达奶沫

汁粉玄米茶拿铁

喷香的玄米、甜美的蜜豆搭配醇厚的卡仕达奶沫，是一款口味层次丰富的饮品。
可以同时品味到求肥的柔软和玄米的香脆，两种顶料让人欲罢不能。

材料（一杯量）

蜜豆 40 克
冰 适量
奶茶：玄米茶（P121 冷饮）150 克
卡仕达奶沫（P42）90 克
求肥 10 个
玄米（焙烤）少许

制作方法

1 将蜜豆和冰放入杯中，注入玄米茶奶茶。
2 从杯缘向中心缓缓注入卡仕达奶沫（P57）。
3 在杯子顶端，一半放上求肥，一半放上玄米。

【制作热饮时】

将蜜豆放入杯中，玄米茶奶茶加热后注入杯中，倒入卡仕达奶沫，在顶端一半放上求肥一半放上玄米。

冷 ☑
热 ☑

格雷伯爵茶 × 椰子 × 水果 × 珍珠

越南甜茶

将越南的当地特色甜饮制作成茶饮品的版本。椰奶是一种非常顺滑的液体，在这款饮品中必须使用到。加入了大量的椰蓉，为饮品带来更多的香气和更好的口感。

冷 ☑

热 ☑

材料（一杯量）

草莓 60克
凤梨 60克
格雷伯爵茶糖浆（P36）50克
冰 适量
椰奶 150克
三温糖珍珠（P48）60克
椰蓉 2克

制作方法

1 草莓去蒂，对半切开，凤梨切成2厘米的三角形小块。
2 把格雷伯爵茶糖浆倒入杯中，交替放入冰和草莓、凤梨。
3 注入椰奶，在顶层放置三温糖珍珠，撒上椰蓉。

【制作热饮时】

将椰奶和格雷伯爵茶糖浆加热后倒入杯中，加入水果和三温糖珍珠。水果可以从凤梨和草莓换成香蕉或橙子这一类在热饮里也很美味的种类。

金萱乌龙茶 × 白巧克力 × 奶酪

白巧金萱茶饮

使用了金萱乌龙茶制成的奶茶茶底。金萱乌龙茶具有奶香般的甘甜香味，入口后味清爽。将奶酪奶沫和白巧克力充分搅匀后，饮品的味道会变得像甜品一样。

材料（一杯量）

奶酪奶沫（P42）40 克
白巧克力酱（P33）10 克 +5 克（完成阶段使用）
冰 适量
奶茶：金萱乌龙茶（P121 冷饮）180 克
白巧克力酱（P34）30 克

制作方法

1 将奶酪奶沫和 10 克白巧克力酱放在一起轻轻搅拌，搅成漩涡状，不要使之完全混合。
2 杯中放入冰块，注入金萱乌龙茶和白巧克力酱，轻轻混合。
3 在杯子顶层放上步骤 1 的内容物，浇上剩余的 5 克白巧克力酱。

冷 ☑ 热 ☐

冷 ☑
热 ☑

焙茶 × 香辛料 × 巧克力

辣巧克力焙茶

使用了多种香料制成的辣汁具有丰富而复杂的香气。
将之与巧克力混合，可以凸显出焙茶的烘烤香气，是一款具有成熟气质的巧克力饮品。

材料（一杯量）

焙茶（P25 冷饮）160 克
辣汁（P35）20 克
巧克力酱（P33）20 克
七味辣椒粉 一小把

制作方法

1 将七味辣椒粉之外的所有食材都放入锅中，使用中火加热至刚刚烧开，倒入杯中。
2 撒上七味辣椒粉。

【制作冷饮时】

将焙茶茶汤（冷饮）、辣汁、巧克力酱和冰依次放入杯中，轻轻混合，撒上七味辣椒粉。

冷 ☑

热 ☐

金萱乌龙茶 × 莓类 × 巧克力 × 开心果

开心果树莓巧克力茶

金萱乌龙茶的奶香、树莓的酸甜和巧克力的苦味完美调和，是一款很爽口的饮品。开心果酱为饮品增加了更丰富的口感。

材料（一杯量）

巧克力酱（P33） 15 克
金萱乌龙茶（P22 冷饮） 100 克
树莓酱（P37） 20 克
冰 适量
鲜奶油（P41） 50 克
开心果酱（P44） 5 克
开心果 1 颗

制作方法

1. 将巧克力酱放入杯中，放入冰块。
2. 将金萱乌龙茶和树莓酱放入容器中混合，倒入杯子中。
3. 将鲜奶油装入裱花袋，挤在顶端。开心果酱放入自动出液器中，装饰在顶端，最后装饰上 1 颗开心果。

英德红茶 × 红薯 × 奶酪 × 蜂蜜

烤红薯戈贡佐拉奶酪奶沫蜂蜜冰沙

使用戈贡佐拉奶酪制作出的奶酪奶沫散发着成熟的味道，和蜂蜜搭配合适，再加上醇香如蜜般的英德红茶，可谓绝品。对于喜欢戈贡佐拉奶酪的人来说，更是一款成瘾的饮品。

材料（一杯量）

牛奶 120 克
烤红薯馅*（冷冻）60 克
英德红茶糖浆（P36）35 克
蜂蜜 5 克
冰 60 克
红薯芋圆（P48）70 克
戈贡佐拉奶酪奶沫（P42）50 克

*材料（成品约 360 克）：烤红薯 300 克、细砂糖 15 克、朗姆酒香精 5 克、生奶油（乳脂含量 42%）50 克
制作方法：将烤红薯、细砂糖和朗姆酒香精加入食品处理器之中，开机搅拌。随着食材慢慢被打碎，逐渐加入生奶油一起搅拌，直到整体成为柔软馅料状态。冷藏可以保存 2~3 天，冷冻可以保存 1 个月。

制作方法

1 将牛奶、烤红薯馅（冷冻）、30 克英德红茶糖浆、蜂蜜和冰一同放入搅拌机，开机搅拌。
2 在容器内将红薯芋圆和剩余的 5 克英德红茶糖浆混匀，注入杯中。
3 倒入步骤 1 的搅拌物，从杯缘向中心倒入戈贡佐拉奶酪奶沫（P57）。

冷 ☑
热 □

英德红茶 × 紫薯 × 奶酪

紫薯冰沙

具有紫薯蛋挞一样的浓厚口味，混合上英德红茶和奶酪奶沫后，口味会变得更加复杂和崭新。
紫薯馅料在经过简单加工后看起来会显得更加高级。本款饮品可以体会到各种各样的不同口感。

材料（一杯量）

牛奶 120 克
紫薯馅*（冷冻） 60 克
英德红茶糖浆（P36） 35 克
冰 70 克
紫薯芋圆（P48） 70 克
紫薯馅* 50 克
奶酪奶沫（高硬度）（P42） 50 克

*材料（成品约 350 克）：紫薯馅（市售 冷冻）200 克、细砂糖 100 克、生奶油（乳脂含量 42%）85 克、朗姆酒 5 克
制作方法：将所有的食材放入锅中，使用中火加热，搅拌均匀。等到锅中液体变得黏稠，关火冷却，倒入食品处理机搅拌成柔软的馅料。冷藏可以保存 2~3 天，冷冻可以保存 1 个月。

制作方法

1 将牛奶、紫薯馅（冷冻）、30 克英德红茶糖浆和冰都放入搅拌机内，开机搅拌。
2 将紫薯芋圆和剩余的 5 克英德红茶糖浆放入容器混合，倒入杯中。
3 倒入步骤 1 的混合物，从杯缘向中心倒入奶酪奶沫（P57）。
4 将紫薯馅放入蒙布朗裱花罐中，挤在上方。

冷

热
☐

总结

茶饮和菜肴的相性

茶饮品和菜肴或餐后甜品的调和，很久以前就有人在考虑了。如果菜肴和茶饮品搭配得当，那么就会让这一餐变得更为可口。茶饮会为菜肴平衡好香气、口感和健康的程度等属性，还可以在人体所需膳食成分上调节总量的多少。

在餐厅，饭后通常会为顾客提供咖啡或各式各样的茶，这是因为这些饮品中含有咖啡因，会缓解饮食过程中造成的压力。餐中产生的各种问题，通过餐后的饮品来缓解是再合适不过了。

饮品自身能为饮者带来的功效也和它与菜肴的相性一样重要。打个比方，乌龙茶可以让口中的油分或脂肪乳化，具有很强的清口功能。不仅如此，乌龙茶中含有一种叫作儿茶素的多酚物质，可以将肠胃中的脂肪分解，这样一来，脂肪就不会被人体吸收，而是会直接从人体中被排出。在此之上，红葡萄酒中含有的多酚物质，在乌龙茶中也有。正因如此，对于那些肉类菜肴或鱼类菜肴而言，由于它们拥有大量的脂肪和油分，所以和乌龙茶搭配食用是很合适的。

中餐的制作中会用到很多油，所以会通过喝乌龙茶的方法来达到膳食平衡。与之相同的，洗指碗（在用餐过程中用来洗净手指的容器）之中也通常会放置乌龙茶汤而非纯净水。

●首先要考虑香气，其次再考虑口味和分量

考虑茶饮品和菜肴的相性的适合，首先要确定茶饮品的香气和菜肴的香气是比较接近的，或者二者的香气可以通过彼此被激发出来。

如果二者的气味相近的话，会产生相乘效果，使得食客产生菜肴更加好吃的感觉。但要注意的是，如果特别强调某一种气味，会让饮品的气味平衡遭到破坏，所以如果去使用比菜肴的香气稍弱的饮品进行调和的话，也许效果会更好。比如说，如果菜肴具有些微的柠檬香气，那么就可以搭配具有柑橘香的格雷伯爵茶或类似的茶，这样一来可以增强柠檬的香气，让菜肴更为诱人。还有一种相反的思路，如果使用菜肴之中缺少的香气的饮品或和菜肴完全不同香气的饮品进行搭配，也同样可以使菜肴变得更加美味。

在肉类菜肴中，通常会使用酸味的酱汁来进行制作。对于这类的肉菜，如果使用同样是酸味的饮品来搭配的话，可以让食客腻得慢一些，可以多吃一点。如果理解了不同香气的组合，那么在为菜肴搭配饮品的时候，选择就会变得更多。

不光是香气，茶饮品还可以平衡菜肴的酸、甜、苦、辣、鲜味，来让菜肴更加好吃。

对于甜味的菜肴来说，可以通过苦味或酸味的饮品来让甜味变得更加温和，对于想要引出鲜味的菜肴来说，可以通过甜味或苦味的饮品来提鲜。关于味道之间的逻辑关系，可以参照“如何平衡香气、味道、口感”这一节（P50—P51）。

在平衡好了香气和口味之后，就可以开始考虑饮品的分量了。对于一杯饮品来说，最理想的分量是能在菜肴吃完的同时饮毕的分量，这就需要参考一下菜肴的分量。也就是说，如果菜肴的分量多，饮品的分量就要进行相对的提升，这样一来饮品做出来才会和菜肴搭配合适。如果是重口的少量菜肴，那去准备少量的浓厚饮品就可以了。

● 根据时间、地点、场合来决定饮品

饮品说到底也只是佐餐的辅助道具，在决定种类时，不仅要考虑到餐桌上的菜肴和甜品，还要考虑到用餐时谈论的内容、聆听的音乐、用餐的时间等多种要素。如果能够根据时间、地点、场合来决定提供哪种饮品的话，是最理想不过的。也许乍一看之下，夏天适合提供量大的清爽饮品，但实际人们在饭后会更想喝一些味道浓厚的饮品，这是因为夏季的菜肴通常也更加清爽。正因如此，在餐后，如果能够喝到和菜肴完全相反类型的饮品的话，会让整顿饭的满足感大大提升。

如果能够充分理解菜肴的设计理念，那么就可以想出多种多样的饮品组合思路。极端一点来说，提供搭配的饮品起码要完全理解菜肴的制作，这么说一点也不为过。从开始用餐一直想象到茶饮品饮毕，这样才能制作出最符合需求的茶饮品。现如今，有越来越多的年轻人不喜欢酒精类饮品，针对这类人群，餐饮店也逐渐推出了不含酒精的软饮菜单，茶饮品也随之而产生了全新的可能性。

Chapter

5

特殊茶饮

关于特殊茶饮

随着茶饮品的日新月异，不断有各种崭新食材被用于茶饮品之中，比如咖啡、甜酒、茶糖浆、蔬菜等。这些食材可以让茶饮品的成分更加丰富，依此来制出的各种茶饮我们叫作“特殊茶饮”，将在本章中归纳。

比如说中国香港有一种鸳鸯奶茶，这种奶茶就是将红茶和无糖炼乳等食材加入咖啡制成的饮品。咖啡和红茶乍一看之下是完全不相容的两种基底类饮品，但融合得当之后会变得十分美味，是一例特殊茶饮的绝佳范本。

绿茶的苦味和甜酒的甜味相性也不错。甜酒是用米曲制成的，由于绿茶和米饭搭配起来合适，所以很容易想象它与甜酒搭配起来也会很合适。甜酒比米饭更甜，因此和苦味强烈的抹茶结合起来会更好。

茶饮品通常是以茶汤作为基底的，但为了延长茶汤的保质期，或者为了制作出口味更加浓厚的饮品，偶尔也会有需要把茶做成茶糖浆的情况存在。如果使用茶糖浆作为基底的话，只需要加入果汁、牛奶或碳酸水等液体，就可以做成美味的茶饮品。

蔬菜等食材在通过压力型榨汁机榨汁后，在过滤之后可以获得很干净澄澈的液体。这种液体通常具有蔬菜的甘甜和清香，很适合制作口味清爽的饮品。

设计饮品需要考虑到时间、地点和场合，再去考虑清楚在什么样的环境下把饮品提供给什么样的客人。在各种各样的条件之下，可以使用的食材越多，变通起来就越灵活。对于茶饮品来说，设计思路是不能够因为食材限制而被禁锢住的。

茉莉花茶 × 柠檬

氮气茉香青柠

茉莉花茶和柠檬的组合具有很强的涩味，但在添加了氮气之后，会使得涩味有所缓和。本款饮品是一款口感圆滑的爽口饮品，氮气会为它带来奶一样的口感。

冷 ☑
热 □

材料（一杯量）

茉莉花茶（P27 冷饮）320 克
柠檬酱（P39）80 克
氮气* 适量

*使用时需要注意的地方：气罐周围 2 米范围内严禁明火。也绝不可以在露天环境使用。

制作方法

1 将茉莉花茶和柠檬酱放入氮气壶（P61，图①），盖上壶盖。
2 打开氮气罐的出气口，插到氮气壶的进气口上（图②）。
3 待到气体出气的声音停止后，拔掉氮气罐，关上氮气壶的进气口，上下摇动氮气壶。
4 将氮气壶的出水口转到面向自己，使液体流入杯中（图③）。

抹茶 × 三温糖

氮气抹茶

抹茶表面装点了绵密的泡沫，入口口感像奶一样，味道也很柔滑。
由于添加了氮气，抹茶表面才会产生这些泡沫。

冷 ☑
热 □

材料（一杯量）

热水（75℃）450克
抹茶（研磨）45克
三温糖 90克
氮气* 适量

*关于使用事项请参见P173。

制作方法

1 将热水倒入茶杯中，将抹茶放入滤茶器，放入热水中搅拌均匀，泡5分钟，加入三温糖再次搅拌，使三温糖全部溶解。
2 将茶汤放入冰镇的碗内进行冷却，使用手持搅拌机进行搅拌。
3 将步骤2的茶汤加入氮气壶，按照P173的步骤2～步骤4进行加工，并倒入玻璃杯中。

金萱乌龙茶 × 意式浓缩咖啡 × 迷迭香 × 水果

咖啡果茶

咖啡通常含有复杂多样的香气成分，意式浓缩咖啡更是凝聚了这些香气中的精华。在与具有同样香气的水果或坚果组合之后，味道可以达到调和。和具有桂花般香气的金萱乌龙茶混合起来很合适，迷迭香更是进一步带出了茶饮的味道。

材料（一杯量）

树莓酱（P37）20克
冰 适量
树莓 8颗
草莓 4颗
葡萄（紫、绿）各4颗
迷迭香 1根
金萱乌龙茶（P22 冷饮）120克
柠檬酱（P39）10克
意式浓缩咖啡 25克

制作方法

1 将树莓酱放入杯中。
2 按照冰块、树莓、草莓、葡萄、迷迭香的顺序加入杯中。
3 将金萱乌龙茶和柠檬酱混合后加入杯中，注入意式浓缩咖啡，做出漂浮效果。

冷 ☑
热 □

格雷伯爵茶 × 意式浓缩咖啡 × 咸奶沫

咸奶沫咖啡拿铁格雷伯爵茶

向拿铁咖啡之中加入了具有佛手柑香氛的格雷伯爵茶糖浆，使得咖啡的清爽被带出。
咸奶沫可以让甜味更加凸显。

冷 ☑

热 ☑

材料（一杯量）

格雷伯爵茶糖浆（P36）25 克
冰 适量
牛奶 80 克
意式浓缩咖啡 25 克
咸奶沫（P41）50 克

制作方法

1 将格雷伯爵茶糖浆和冰放入杯中，注入牛奶，将意式浓缩咖啡倒入表面，做出悬浮效果。
2 轻轻将咸奶沫放置于上方。

【制作热饮时】

将格雷伯爵茶糖浆和牛奶加热后倒入杯中，倒入意式浓缩咖啡后，将咸奶沫置于表面。

抹茶 × 甜酒

甜酒抹茶

甜酒具有米曲、麦花、蜜瓜和苹果等综合的特殊香气，将其与香气扑鼻的抹茶相结合。抹茶的轻微苦涩可以让甜酒的甘甜变得温和，是喝起来很轻松的饮品。

材料（一杯量）

冰 适量
甜酒 90 克
抹茶酱（P33）20 克

制作方法

将冰和甜酒倒入杯中，将抹茶酱注入表面，制作出漂浮效果。

【制作热饮时】

将甜酒和抹茶酱混合后加热，注入杯中。

冷 ☑

热 ☑

祁门红茶 × 草莓 × 甜酒

草莓甜酒祁门红茶

凸显出祁门红茶特有的玫瑰香气，将其与草莓和具有花香的甜酒结合，是一款让心境变得平和的香味饮品。青春活力的颜色是本款饮品的魅力点所在。

冷 ☑

热 ☐

材料（一杯量）

红草莓 1个
白草莓 2个
冰 适量
祁门红茶（P24 冷饮）60克
甜酒 60克
草莓酱（P37）20克

制作方法

1 取红白草莓各一个，去蒂，对半切开。
2 将红白草莓和冰交替放入杯中，注入祁门红茶、甜酒和草莓酱，轻轻搅匀。
3 在杯缘装饰剩下的白草莓。

东方美人茶 × 红辣椒 × 奇异果

奇异红椒东方美人茶

红辣椒具有特殊的甜味，和奇异果的甜味融合在一起，再加上具有玫瑰香葡萄般清甜芳香的东方美人茶。
碾碎的奇异果，会为饮品增添自然的黏稠感，入口也更为顺滑。

材料（一杯量）

东方美人茶（P21 冷饮）30 克
奇异果 30 克
细砂糖 10 克
红辣椒（过滤后的汁液）30 克
奇异果（半月形切片）3 片
冰 适量

制作方法

1 将红辣椒对半切开，去除种子，使用压力型榨汁机榨汁。
2 将咖啡滤纸放在咖啡滤杯上，下方放置容器，将辣椒汁注入咖啡滤杯，获得所需的汁液。
3 将去皮的 30 克奇异果和细砂糖放入摇酒器，使用塑料小铲子挤碎。
4 将茶汤、步骤 2 的汁液、冰倒入摇酒器，充分摇匀后倒入杯中。将奇异果切片装饰在表面上。

冷 ☑
热 ☐

冷 ☑

热 ☐

金萱乌龙茶 × 番茄 × 酸奶

番茄酸奶茶

将小番茄放入压力型榨汁机榨汁后过滤，会获得澄澈的番茄汁。
向其中补充一些甜味，会让番茄具有水果般的味道。

材料（一杯量）

小番茄（过滤后的汁液）20 克
饮用酸奶 40 克
金萱乌龙茶（P22 冷饮）40 克
细砂糖 10 克
冰 适量

制作方法

1 将小番茄去蒂，放入压力型榨汁机内榨汁，使用 P179 的步骤 2 中的方法进行过滤，获得所需的汁液。
2 将步骤 1 中的汁液、饮用酸奶、金萱乌龙茶和细砂糖一并加入摇酒器中，轻轻搅拌后加入冰，盖盖摇匀。
3 将冰加入杯中，注入步骤 2 的奶茶。

抹茶 × 杏仁豆腐 × 豆奶

抹茶杏仁豆奶

冷 ☑

热 ☐

杏仁豆腐具有杏仁的独特香气，入口柔顺，在本款饮品中搭配豆奶。
抹茶的清爽香气搭配杏仁豆腐温和的甜味，成品十分清爽。

材料（一杯量）

杏仁豆腐（P46）80 克
冰 适量
抹茶酱（P33）30 克
豆奶 130 克

制作方法

1 将杏仁豆腐放入杯中，倒入冰块。
2 将豆奶和抹茶酱在容器中搅拌均匀，注入杯中。

茉莉花茶 × 柚子

柚香茉莉

将具有甘甜花香的茉莉花茶糖浆和柚子慕斯组合的饮品。
柑橘的清爽加上酸味，十分爽口。

材料（一杯量）

冰 适量
茉莉花茶糖浆（P36）30 克
水 120 克
柚子慕斯（P43）20 克

制作方法

1 将冰块放入杯中，注入茉莉花茶糖浆和水，搅拌均匀。
2 将柚子慕斯喷在上方。

【制作热饮时】
将茉莉花茶糖浆和水混合后加热，倒入杯中，在顶层喷上柚子慕斯。

冷 ☑
热 ☑

格雷伯爵茶 × 生姜 × 柠檬

姜汁柠檬格雷伯爵茶

格雷伯爵茶糖浆和柠檬酱组合后，可以更加强调整体的甜度。
通过添加生姜慕斯，可以让饮品增加让人精神一振的辣味。

材料（一杯量）

柠檬酱（P39）20 克
水 100 克
格雷伯爵茶糖浆（P36）20 克
冰 适量
生姜慕斯（P43）20 克
柠檬皮（细丝）少许

制作方法

1 将柠檬酱和水放入容器，搅拌。
2 将格雷伯爵茶糖浆和冰依次放入杯中，注入步骤 1 的液体。
3 在顶层喷上生姜慕斯，装饰上柠檬皮。

【制作热饮时】

将格雷伯爵茶糖浆、柠檬酱和水混合后加热，倒入杯中，在顶层喷上生姜慕斯，装饰上柠檬皮。

冷 ☑
热 ☑

冷 ☑

热 ☐

格雷伯爵茶 × 甜橙 × 碳酸水

鲜橙气泡茶

将甜橙和具有同样柑橘类香气的格雷伯爵茶组合在一起。
甘甜之中带有柑橘类水果清爽的香气，在咽下的时候碳酸会为喉头带来清凉的快感。

材料（一杯量）

甜橙（榨取后的汁液）50 克
冰 适量
格雷伯爵茶糖浆（P36）20 克
碳酸水 50 克
甜橙（8 等分的橙子瓣）1 瓣

制作方法

1 将甜橙对半切开，使用挤压器榨汁，获得所需的果汁。
2 将冰块放入杯中，注入格雷伯爵茶糖浆和橙汁，轻轻搅拌。
3 慢慢注入碳酸水，装饰上橙子瓣。

红茶 × 香辛料 × 牛奶

马萨拉茶

冷 ☑

热 ☑

将香辛料和乌瓦茶煮在一起制成的马萨拉茶糖浆，无论是和冷牛奶还是热牛奶组合在一起都会散发出浓烈的香气。制作简单也是一大魅力所在，只需将材料倒在一起就可以直接享用。

材料（一杯量）

马萨拉茶糖浆（P35）30 克

牛奶 120 克

碎冰 适量

制作方法

将所有材料倒入杯中，轻轻搅拌混合。

【制作热饮时】

将马萨拉茶糖浆和牛奶混合加热，倒入杯中。

Chapter

6
酒精茶

酒精茶是什么

简单的酒精类茶饮品有乌龙茶威士忌苏打水和绿茶威士忌苏打水。威士忌苏打水鸡尾酒中通常使用甲类烧酒[1]，这些烧酒喝起来不会辣嗓子，非常顺滑。像这样不会在嘴里留下苦涩味道，同时又有一丝甘甜的酒类，和茶汤搭配起来是很合适的。

伏特加、威士忌这类烈酒很容易带出茶叶中的精华部分，所以如果拿它们来腌渍茶叶，可以制出带有茶香和茶味的烈性酒。

近年来，也有用酒浸泡草药、香料等，制成的酒通常被称为浸泡酒（infused）。Infuse 这一单词具有浸水、腌渍、浸泡等意思，所以被拿来作为新式酒分类的名称了，各种各样的酒吧和店铺都会制作自己独家的浸泡酒来出售。

本书中也会使用到浸泡酒的制作手法，通过把茶叶放在酒里腌渍来制作饮品的基底。比如“白桃乌龙浸伏特加”就是通过把白桃乌龙茶的茶叶腌渍到伏特加酒中制成的。伏特加是一种无味无臭的酒，所以和所有的茶叶搭配都可以。

如果考虑酒中缺失的要素，再通过添加茶汤、药草、香料等方式来为其进行补足的话，酒精茶的设计想必更容易成功。

1 甲类烧酒：又称新式烧酒，使用连续式蒸馏制作，特点是液体澄澈。——译者注

冷 ☑
热 ☐

茉莉花茶 × 梅酒

梅酒茉莉

具有花香和苦味的茉莉花茶搭配上具有果香和酸甜的梅酒，可以达到绝妙的平衡。

材料（一杯量）

茉莉花茶（P27 冷饮）60 克
梅酒 20 克
冰 适量

制作方法

将所有材料放入杯中混合。

冷 ☑

热 □

玉露 × 琴酒 × 汤力水

金汤力玉露

Kingsbury Victorian Vat 这款琴酒带有十分浓郁的杜松子香气，和香味四溢的玉露相性很好。汤力水可以让饮品的味道更为突出。

材料（一杯量）

冰 适量

琴酒（Kingsbury Victorian Vat）20 克

玉露（P25 冷饮）50 克

汤力水 70 克

柠檬片 1 片

制作方法

1 将冰、琴酒、玉露茶汤、汤力水一同注入杯中，混合均匀。

2 将柠檬片装饰在杯中。

金萱乌龙茶 × 波本酒

气泡波本酒金萱乌龙

威凤凰波本酒具有浓厚香草焦糖香气，气息中还透着一丝洋梨般的果香。
将其与具有坚果风味的金萱乌龙茶相结合，可以做出具有独特风味的饮品。

材料（一杯量）

冰 适量
金萱乌龙茶波本浸泡酒* 45 克
苏打水 130 克
可食用泡泡溶液 适量
橡木条（烟熏用） 适量

*材料是 10 克金萱乌龙茶（茶叶）和 100 克威凤凰波本酒。制作方法参见下面的“浸泡酒技术”。

制作方法

1 将冰块放入杯中，注入金萱乌龙茶波本浸泡酒和苏打水，搅拌均匀。
2 把迷你烟熏炉接上管子，管子的另一头插上泡泡用喷头。将喷头浸泡于可食用泡泡溶液，将橡木条置于烟熏炉顶端，为烟熏炉点上火。等到橡木条被熏制一段时间后，烟会通过管子流入泡泡之中，充满整个泡泡（图①）。
3 将泡泡置于饮品之上（图②）。
4 上桌时把泡泡戳破，让烟流出来，可以提供富有新鲜感的特殊效果（图③）。

冷 ☑
热 ☐

❶

❷

❸
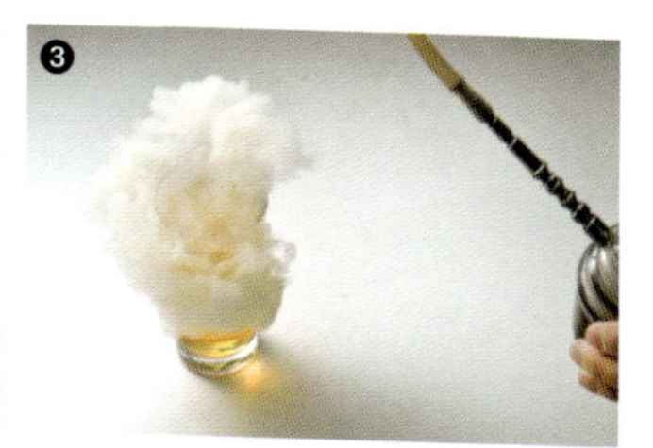

浸泡酒技术

将香料或草药在酒精类饮品中浸渍的手法叫作“浸泡酒”，通过这种手法，可以让食材的香气和味道转移到酒中。本款饮品中使用到的“金萱乌龙茶波本浸泡酒”就是通过将金萱乌龙茶的茶叶浸渍到波本酒之中制成的。

制作方法

1 将茶叶塞入茶包中。
2 将茶包和酒放入密封容器中，在阴凉处置放 1 天。

正山小种 × 白兰地 × 苹果 × 蜂蜜

蜂蜜苹果白兰地正山小种

具有独特烟熏风味的正山小种适合与苹果搭配在一起。

材料（一杯量）

冰 适量
水 120 克
正山小种苹果白兰地浸泡酒*1（P191）30 克
烤苹果*2 50 克
蜂蜜 5 克
肉桂粉 少许

*1 使用到的材料是 10 克正山小种茶叶和 100 克苹果白兰地酒。
*2 材料：苹果、黄油、细砂糖、肉桂皮，全部适量选取
制作方法：苹果去皮，切成一口的大小。黄油入锅，开火使其溶解至一半左右，放入苹果和肉桂皮，在不烧焦的前提下将苹果两面煎，直至苹果变软后，根据个人口味放入适量细砂糖，煎至苹果表面出现焦糖。冷藏可以保存 1~2 天。

制作方法

1 将水和冰放入杯中，注入正山小种苹果白兰地浸泡酒，做出漂浮效果。
2 缓缓将烤苹果放置于表面，淋上蜂蜜，撒上肉桂粉。

冷 ☑
热 ☐

荔枝乌龙茶 × 茉莉花茶 × 西柚 × 盐

盐津荔枝茶

荔枝丰富的香气和西柚的酸味具有超群的好相性。荔枝乌龙茶和茉莉花茶相结合会为荔枝的果香加上花般的芳香。玫瑰盐可以更进一步引出水果的甜味。

冷 ☑
热 ☐

材料（一杯量）

西柚（榨取后的汁液）120克
柠檬片 1片
玫瑰盐 少许
冰 适量
荔枝酱（P37）30克
荔枝乌龙茶和茉莉花茶伏特加浸泡酒（P191）* 30克

* 材料是荔枝乌龙茶茶叶5克、茉莉花茶茶叶5克、伏特加100克。

制作方法

1 将西柚对半切开，使用挤压器榨汁，获得所需的果汁。

2 使用柠檬片在杯缘涂抹，使玫瑰盐附着在表面（P57）。

3 将冰块放入杯中，注入西柚汁和荔枝酱，轻轻混匀，注入荔枝乌龙茶和茉莉花茶伏特加浸泡酒，做出漂浮效果。

白桃乌龙茶 × 伏特加 × 甜橙 × 桃子

朦胧脐橙鸡尾酒茶

白桃乌龙茶的桃香和甜橙的酸味，可以让整款饮品在饮用时让人身心舒适。是甜橙冰茶的改良版饮品。

材料（一杯量）

甜橙（榨取后的汁液）100克
桃子酱（P37）30克
冰 适量
白桃乌龙茶伏特加浸泡酒*（P191）20克

*材料是白桃乌龙茶茶叶10克和伏特加100克。

制作方法

1 将甜橙对半切开，使用挤压器榨汁，获得所需的汁液。
2 将桃子酱和冰放入杯中，注入橙汁，倒入白桃乌龙茶伏特加浸泡酒，做出漂浮效果。

冷 ☑
热 ☐

格雷伯爵茶 × 伏特加 × 番茄

血腥玛丽式茶

作为鸡尾酒，血腥玛丽受众甚广。令其独有的番茄搭配上具有佛手柑香气的格雷伯爵茶，再使用芹菜来提味。培根吸管既可以将饮品吸上来，也可以直接吃掉。

冷 ☑
热 □

材料（一杯量）

冰 适量
番茄（榨取后的汁液）210克
格雷伯爵茶伏特加浸泡酒（P191）*1 40克
柠檬汁 10克
黑胡椒 少许
塔巴斯科辣汁 1滴
林嗯汁 *2 1克
培根吸管 *3 2根
芹菜叶 适量
干柠檬片 2片

*1 制作材料是10克格雷伯爵茶茶叶和100克伏特加。
*2 林嗯汁是伍斯塔酱汁的前身。原料中含有蔬菜、罗望子和凤尾鱼，具有特殊又复杂的风味。
*3 材料：适量培根
制作方法：将培根缠绕在金属吸管上，用细麻绳捆紧（图①）。把捆好的培根和金属吸管放入食物烘干机中，使用40℃的温度烘干1天，让水分完全蒸发掉，待完全干燥后，就可以解开细麻绳，将金属吸管抽离了（图②）。和干燥剂一同放入密封容器中，可以保存一周。

制作方法

1 将冰块、榨取之后的番茄汁、格雷伯爵茶伏特加浸泡酒和柠檬汁一同放入杯中，轻轻搅拌。
2 把黑胡椒、塔巴斯科辣汁、林嗯汁加入杯中，装饰上培根吸管、芹菜叶和干柠檬片。

❶
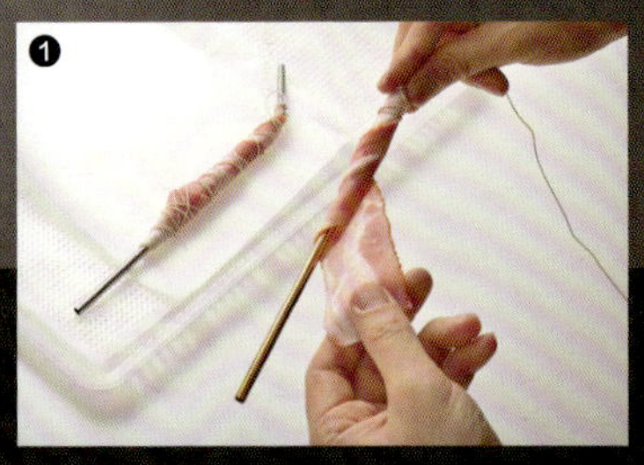

❷
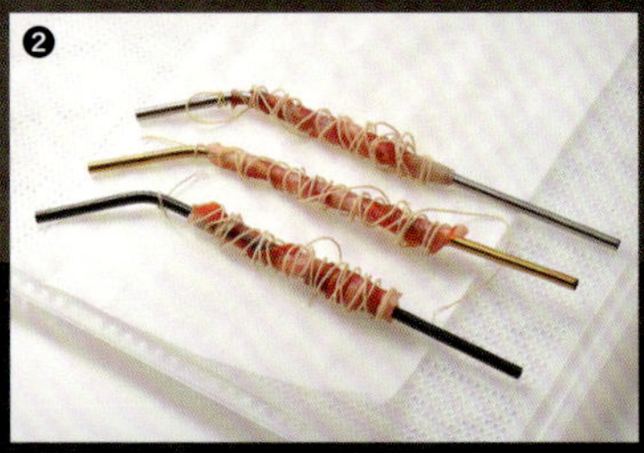

总结

关于店铺开张

2019年日本兴起了珍珠奶茶热潮，珍珠奶茶店一家家的开设仿佛雨后春笋般，中国受欢迎的店铺也逐渐在日本开辟新的战场。店铺有各种各样的经营模式，既有个人经营的店铺，也有公司经营的店铺，有传统咖啡厅模式的店铺，也有只出售外带饮品的店铺，还有同时制作外带饮品又具有室内用餐区的大型店铺。

● 如何决定店铺的种类

要决定开设哪一种店铺，其实是非常简单的事情。通常对于一家店铺的开设，只有两种途径来参考：通过想要做的事情来决定开店的场所，抑或是通过开店的场所来决定想要做的事情。如果已经决定了自己想要做的事情，那么去寻找适合做这件事的地方就可以了。

比如说，如果想要开设传统咖啡厅模式的店铺的话，就可以开在楼和楼之间的小路里，这样可以让顾客产生“会为了喝茶而特地前往这家店铺”这一行为，也更容易打响自家的名号。当然，如果想要这种效果的话，店铺的口碑是非常重要的。单单是过路的行人是很难注意到这样的店铺的，所以这样的店铺想要招徕大量顾客的话，需要通过社交网络等途径的口口相传。具有其他店铺没有的商品，或是饮品具有极高表演元素，还有自家完全独特的独创元素，都可以做到这一点。

和这种正经的咖啡店正相反，如果想要推行连锁店铺的开展，促进较为公式化店铺的营业，需要选择地铁站前或是大型道路两侧这种人流量足够多的场所。对于这种店铺来说，独特的风格远远不如销售的便利性重要。招牌也是非常重要的一个要素，在人来人往的地方开设店铺，一定要保证自己的店铺足够吸睛才行。另外，这些地段的租金通常也更为高昂，所以最好保证自己的茶饮品具有较高的周转率。如果过于讲究而降低饮品的周转率的话，虽然更容易招徕顾客，但很难产生更高的利益。要充分注意到自身的利益来决定下一步的行动。

如果是先决定了开店的地点，就要通过地点来决定自己要开设的店铺的种类。地点有各种各样的种类：路边、站前、大学附近、二楼、地下一楼、商业设施等都有它们自身的特点，就算同样是地铁站，根据站的不同，顾客层也会产生变化。这时，要对开店的场所进行调研，“什么样的顾客会来这种地方”“会不会有其他地区专程赶来的顾客”，这类问题是要重点考虑的。

想要做的事情和开店的地点，这两个要素是店铺核心的大部分所在。

● 要提前确认好设备型号和电压问题

决定了开店地点之后，就要考虑需要准备什么样的设备了。根据店铺种类的不同，需要准备不同种类的设备、器械。设备直接关系营业额，所以是最为重要的投资内容。在考虑设备的时候，首先要考虑设备的型号大小，以保证自己的利润最大化。如果设备过小，那么就算想要多卖，也做不到。在决定好了设备和器械的型号之后，要充分查清开店地点的电功率是否足以支撑所有的设备。在没有燃气的地方，不得不依赖电器，就算是只出售外带茶饮品的店铺也需要至少 150 安培的电流。经常有这样的情况：很多小型店铺在签好租赁合同，装修和设备都准备好后才注意到电压不足以支撑自家的所有设备。既然都决定要开店了，那当然还是要准备好一定量的设备的，这时店铺的选址就显得尤为重要。如果是优先选择地点再决定做什么样的店铺的话，就要充分考虑好自己在这个地方能使用什么样的设备。

在决定好了地点、营业模式和使用的设备之后，就要考虑店内装修了。如果已经决定好营业模式和使用的设备的话，店内装修的设计过程会变得更为流畅。如果是容易培养回头客的街道，那么就应该走简约风，重视店内各部分的实用性是最合理的。与之相对的，如果是在街道两旁，大多数客人只会来一次，那么就要加强店内的设计感。这样一来，店铺被拍照发到社交媒体上的可能性就会变得更高。只不过室内装潢这个事情也具有很强的时代局限性，如果装修得过于奢华，在几年后看来可能会显得落伍，这一点也要充分注意。

● 在店铺设计中重要的事项

在店铺设计之中，最重要的是不要让人因为装潢而感受到压力。这不仅是对顾客而言，对店内的工作人员来说也是一样的。

比如说，在很多店内都有这样的法则：洗手间一定要是店内最为整洁的地方。由于洗手间是一个人独处的私人空间，目光很自然地就会飘向各种各样不同的地方，也因此会变得更为敏感，就算只有一点点脏污也会进入顾客的眼帘，就会一点一点地累积起其内心的压力。当压力积少成多后，顾客会觉得在这家店里待着不舒服，就算不至于去投诉你的店铺，也很难再去踏入店铺的大门。

引导线也很重要。如果让顾客逆时针转圈排队的话，顾客会更难以累积压力。这是因为心脏位于人体内部中心偏左的位置，所以向左旋转的话，心脏会由于离心力的作用更不容易产生负担。如果能让顾客从进店到购买到走出店门的行动呈逆时针一圈的话，那么会让顾客更为放松。

在实际生活中，便利店和超市大多也设计成让顾客能够逆时针旋转的样子，学校的操场和田径运动场也设计成让运动员逆时针跑动的样子，就连迪士尼乐园这种常年爆满的地方，都会在让游客逆时针排队这一点上下足功夫，这样还会比不去固定顺时针或逆时针转动排队时更为秩序井然。

在地点、店铺模式、设备、装潢都确定好了之后，就可以决定菜单和培养店员了，马上店铺就可以开始营业了！

关于包装耗材

包装耗材是茶饮品销售过程中不可或缺的东西，只有准备好了包装用的材料，才能够提供打包外带的饮品。能够提供打包外带服务具有很多好处，主要有以下几点。

好处① 就算是在很小的店面也可以营业，人事费用会减少很多。
好处② 店内座席坐满的情况下仍然可以接新单，可以促进营业额。
好处③ 包装的设计可以带出店铺自身的特点和个性，可以期待广告效应。如果顾客拍照发送到各个社交媒体上的话，还有可能招徕新的客人。

最近几年，中国开始销售附有叉子的杯盖，这种杯盖在深圳最早投入使用：有茶饮店将水果切成大块直接放入茶饮品，让顾客使用杯盖上的叉子吃水果。随着茶饮品包装的进化，茶饮品也从单纯的饮品变成了可以边吃边喝的混合食物。

☞ 杯盖

塑料杯子的盖子，有平盖和圆顶形盖的不同形状区分。通常在珍珠奶茶店会使用自动密封机，来为杯子自动覆盖上塑料薄膜。塑料薄膜可以将杯子完全密封，所以就算用作饮品外带或外送也不会洒出来。在薄膜上，可以印刷店铺的 logo 作为宣传，但要注意的是饮品的外观会因为这些而打折扣。

→ 平盖基本是万用的，但如果饮品最上层放置了鲜奶油之类的顶料，这种杯盖就没有那么容易盖上了，想要制作外带饮品更是困难。所以诞生了圆顶状的杯盖。
→ 可以批发形状各不相同但直径相同的杯盖，然后再根据饮品的变化来选择合适的杯盖。根据店铺的种类来选择杯盖也是没问题的。

☞ 杯子

用于饮料外带的塑料杯子。根据制造商的不同，杯子通常分 2~3 种不同的型号，有 360 毫升、500 毫升、700 毫升等不同的容量。如果购买了太多不同规格的杯子，那么整理库存和控制食材消耗就会变得相对困难，所以最好先决定好要卖什么样的饮品再进行杯子的进货。

→ 使用水果的饮品或清爽风格的饮品应该使用细长的杯子。甜食类的饮品和使用了奶油的饮品应该使用宽口的杯子，这样盛放顶料也会变得容易。珍珠奶茶这类饮品也推荐使用宽口杯。

→ 店铺的 logo 可以直接印在杯子上，也可以印成贴纸贴在杯子上。如果要把 logo 直接印在杯子上，会提升生产商的最小出货量，库存的杯子数量也会因此而变得更多。如果是印制贴纸，就可以在各种不同形状的杯子上使用了，但粘贴需要耗费更多人工。

→ 塑料杯子的耐热性根据制造商不同会产生变化。耐热性更强的杯子，成本也会更高。热饮通常只有一种颜色，而且为了让客人方便携带杯子，通常会在热饮外围套一圈杯托，内容物会更难被看到。所以制作热饮的时候，使用纸杯的情况更多。

☞ 带盖瓶子和带易拉环瓶子

鲜榨果汁店通常会使用这类带有盖子的瓶子，适用于没有形状变化的饮品或不加冰的饮品。这种瓶子还可以放置于店内的冷藏展示柜中，作为展示品来使用。这种瓶子多用于非现做的饮品，这是由于瓶子的成本非常高。在现做饮品中，这种瓶子不常用。

☞ 吸管

塑料吸管是吸管中的主流，但由于大量生产塑料会对环境产生不好的影响，所以现在有些国家已经开始禁用塑料吸管了。于是，诞生了纸吸管、竹吸管和金属吸管。纸吸管适用于外带商品，但要注意不能放在液体中长时间浸泡。竹制吸管和金属吸管造价高昂，所以通常是由顾客自行购买使用的。

索引（根据茶底分类）

【红茶】

* 使用其他茶叶也可以制作。

【中国台湾茶】

【中国大陆茶】

【日本茶】

【调味茶】

【草药茶】

作者档案

香饮家 KOUINKA

“香”是指香气：香气在五感之中最能使人留下强烈印象，比起其他感官而言更能诱发人的情感波动。“饮”是指饮品：对于美味的菜肴或甜品来说，饮品是不可或缺的。在餐饮之中，将一切元素调和平衡，使就餐环境顺其自然，食客才会感到愉悦，将一切刻入脑海。香饮家就是这样一个组织，他们试图在人们没有意识到的情况下营造一个没有违和感的顺心环境，来提供饮食。参与者有片仓康博、田中美奈子和藤冈响。

片仓康博 YASUHIRO KATAKURA

做过调酒师，在当时了解了 QSC（Quality、Service、Cleanliness）、服务的技巧、各种鸡尾酒的知识及平衡口味的手段，以及选定 TPO（Time、Place、Occasion）的重要性。离开调酒行业后，他将这些知识与咖啡业界关联，并独有一套浓缩咖啡萃取的技术，广为传播。在很多酒店、餐厅、咖啡馆和糕点店担任顾问咖啡师，并在烹饪和食品专科学校担任特别讲师，专门进行饮品知识的讲解。同时还将教学业务拓展到海外，中国台湾省以及上海、南京、北京、天津、深圳、广州、厦门和杭州等城市都邀请其作为特邀讲师参加活动。同时还经营着餐厅生产、设立和重建、员工培训、餐饮、顾问、销售代理和产品开发等业务。著有《珍珠奶茶、果茶》（与田中美奈子共著，旭屋出版社出版）等书。

田中美奈子 MINAKO TANAKA

料理创作家、咖啡创作家。曾担任 DEAN & DELUCA 咖啡厅经理，在开发独自的饮品菜单后独立开店。曾做过咖啡厅店主兼厨师，也担任过顾问咖啡师。目前从事咖啡店贩卖商品的开发和咨询，同时为店铺进行食品的搭配。偶尔会为服装品牌展、热门女性杂志、广告的拍摄等活动进行餐饮定制，其设计的菜肴饱含时令蔬菜，很受欢迎。著有《宴会氛围的便当盒》（文化出版局出版）等书。

图书在版编目（CIP）数据

花式茶饮 /（日）片仓康博，（日）田中美奈子著；唐潮译. —北京：中国轻工业出版社，2024.3
（元气满满下午茶系列）
ISBN 978-7-5184-4199-0

Ⅰ. ①花… Ⅱ. ①片… ②田… ③唐… Ⅲ. ①茶饮料—制作 Ⅳ. ① TS275.2

中国版本图书馆 CIP 数据核字（2022）第 226442 号

责任编辑：贺晓琴
策划编辑：江　娟　史祖福　贺晓琴　　责任终审：白　洁　　封面设计：奇文云海
版式设计：锋尚设计　　责任校对：宋绿叶　　责任监印：张京华

出版发行：中国轻工业出版社（北京鲁谷东街 5 号，邮编：100040）
印　　刷：鸿博昊天科技有限公司
经　　销：各地新华书店
版　　次：2024 年 3 月第 1 版第 2 次印刷
开　　本：720 × 1000　1/16　印张：13
字　　数：292千字
书　　号：ISBN 978-7-5184-4199-0　定价：68.00元
邮购电话：010-85119873
发行电话：010-85119832　010-85119912
网　　址：http://www.chlip.com.cn
Email：club@chlip.com.cn

240361S1C102ZYW